建筑工程制图与识图
（含习题集）
第2版

主　编　罗碧玉

副主编　王淑红

参　编　董耀军　樊志光

主　审　薛安顺

北京理工大学出版社
BEIJING INSTITUTE OF TECHNOLOGY PRESS

内 容 提 要

本书遵循高等教育教学规律，以岗位职业能力为导向，专业教学标准为依据，结合行业新规范和标准编写。全书主要内容包括建筑制图基础、投影基本知识及点线面的投影、工程立体的投影、轴测投影、剖面图和断面图、房屋建筑工程图的一般知识、建筑施工图、结构施工图等。

本书可作为高等院校土木工程、建筑工程造价、建筑工程监理、建筑工程管理等相关专业的教材，也可作为成人教育、网络教学等的参考用书，还可供建筑工程项目施工企业的相关技术人员和管理人员参考。

图书在版编目（CIP）数据

建筑工程制图与识图：含习题集 / 罗碧玉主编 . --
2 版 . -- 北京：北京理工大学出版社，2022.8
ISBN 978-7-5763-1616-2

Ⅰ . ①建… Ⅱ . ①罗… Ⅲ . ①建筑制图—识图 Ⅳ .
① TU204.21

中国版本图书馆 CIP 数据核字（2022）第 151667 号

出版发行 / 北京理工大学出版社有限责任公司
社　　址 / 北京市海淀区中关村南大街5号
邮　　编 / 100081
电　　话 /（010）68914775（总编室）
　　　　　（010）82562903（教材售后服务热线）
　　　　　（010）68944723（其他图书服务热线）
网　　址 / http：//www.bitpress.com.cn
经　　销 / 全国各地新华书店
印　　刷 / 北京紫瑞利印刷有限公司
开　　本 / 787毫米×1092毫米　1/16
印　　张 / 19.5　　　　　　　　　　　　　　责任编辑 / 钟　博
字　　数 / 470千字　　　　　　　　　　　　文案编辑 / 钟　博
版　　次 / 2022年8月第2版　2022年8月第1次印刷　责任校对 / 周瑞红
定　　价 / 85.00元（含习题集）　　　　　　　责任印制 / 王美丽

本书结合高等教育的教学特点和建筑类相关专业的需求，按照国家颁布的现行标准、规范、规程的要求编写。本书适用于高等院校建筑类相关专业，也可供建筑及相关专业师生和工程技术人员参考。

本书立足于培养学生的专业技能和职业素养，以岗位能力为出发点，融入"1+X"职业技能等级标准的相关要求，全面培养学生的识图绘图能力。本书内容结构合理，突出针对性和实用性，符合高等人才培养需求。从内容的编排顺序来看，先讲授正投影理论，然后是点、线、面的投影，再次是基本体，接着是组合体，循序渐进，由简到繁，最后学习专业图，逐步提高学生空间与平面的转换能力及绘图和识图能力。本书主要特点如下。

1. 遵循"实用为主、够用为度"的原则。本书在满足本门课程所必须掌握的基本理论、基本知识、基本技能的基础上，内容有详有略。

2. 注重规范性。本书在编写时力求严谨、规范，采用了《房屋建筑制图统一标准》（GB/T 50001—2017）、《总图制图标准》（GB/T 50103—2010）、《建筑制图标准》（GB/T 50104—2010）等新标准。

3. 注重动手能力的培养。在绘图技能方面，本书介绍了尺规和徒手绘图的方法，配套有相关训练，有助于学生熟练掌握手工绘制工程图样的方法，为计算机绘图奠定基础。

4. 采用项目－任务体例编写。每个项目的开头部分都有学习目标，包括知识目标和能力目标，便于学生明确目标，抓住重点；每个项目的结尾部分都有项目小结和思考与练习，便于学生厘清思路、梳理总结和自查。

5. 课内教学与课外训练结合。本书还有配套的《建筑工程制图与识图习题集》，该习题集紧密结合各个项目、各个任务的内容，本次修订在原有基础上对习题集进行了订正和调整，添加了部分识图题，学生可以通过训练提高识图绘图技能。

6. 本书在第 1 版的基础上，对教学应用过程中发现的问题予以订正，并结合资源库建设，将部分视频、动画、微课以二维码的形式呈现，学生可以扫码自主学习。

7. 本书在每个项目后面的思考与练习中，融入了一些具有思政元素的思考题。教师可引导学生在学习的过程中，通过查阅资料、讨论、反思的形式，养成良好的职业素养。

本书建议学时为 70~80 学时。

本书由陕西交通职业技术学院罗碧玉担任主编，陕西交通职业技术学院王淑红担任副主编。具体编写分工如下：绪论、项目二、项目三、项目六、项目七及配套习题集由罗碧玉编写；项目一、项目五由王淑红编写；项目四由中国建筑西北设计研究院有限公司董耀军编写；项目八由广联达科技股份有限公司樊志光编写。全书由罗碧玉统稿，由薛安顺主审。

本书在编写过程中，引用和参考了以往教学中很多专业文献与图书资料，还得到了一些企业同行的帮助和中肯的建议，在此一并表示由衷的感谢。

由于编者水平有限，书中难免存在不妥之处，敬请各位读者批评指正。

编 者

FOREWORD 第1版前言

　　本书结合高等教育的教学特点和建筑类相关专业的需求，按照国家颁布的现行标准、规范和规程的要求编写。本书以培养学生的实践技能和职业岗位能力为出发点，其内容结构合理，突出针对性和实用性，符合高等院校人才培养需求。从内容的编排顺序来看，先学习正投影理论、然后是点、线、面的投影，再次是工程立体的投影，循序渐进，由简到繁，最后学习专业图，逐步提高学生空间与平面的转换能力以及制图和识图能力。

　　本书主要具有以下特点。

　　1．遵循"实用为主、够用为度"的原则。在满足本门课程所必须掌握的基本理论、基本知识、基本技能的基础上，有详有略。

　　2．注重规范性。本书在编写时力求严谨、规范，采用了《房屋建筑制图统一标准》《总图制图标准》《建筑制图标准》等新制图标准。

　　3．注重动手能力的培养。在绘图技能方面，本书介绍了尺规和徒手绘图的方法，配套有相关训练，有助于学生熟练掌握手工绘制工程图样的方法，为计算机绘图打下基础。

　　4．本书内容具有项目化、任务化的特点。每个项目前都有学习目标，包括知识目标和能力目标，便于学生厘清思路和明确目标；每个项目后都有项目小结和思考与练习，便于学生梳理总结和自查。

　　5．课内教学与课外训练结合。本书还有配套的《〈建筑工程制图与识图〉习题集》，该习题集紧密结合各个项目、各个任务的内容，所选习题相比教材适当有所拓展，学生可以自主选择练习，以巩固所学知识和提高自身制图和识图能力。

　　6．本书内容具有先进性、合理性及概括性的特点，紧密联系工程实际。

　　本书建议学时为 70~80 学时。

FOREWORD

　　本书由陕西交通职业技术学院罗碧玉担任主编，由陕西交通职业技术学院王淑红担任副主编。具体编写分工为：项目一、二、三、四、六、七由罗碧玉编写，项目五和项目八由王淑红编写。全书由陕西交通职业技术学院薛安顺主审。

　　本书在编写过程中，引用和参考了很多专业文献与图书资料，还得到了一些企业同行的帮助和中肯的建议，在此一并表示由衷的感谢。

　　由于编者水平有限，书中难免存在不妥之处，敬请各位读者批评指正。

编　者

CONTENTS 目录

CONTENTS

CONTENTS

绪　论

一、课程性质

"建筑工程制图与识图"是土建类专业的一门专业基础课程，主要培养学生识读和绘制建筑工程图样的能力，它需要学生具备平面几何和立体几何的相关基础知识，同时，又与后续"建筑构造""平法识图""建筑工程计量与计价""建筑施工组织与管理"等课程衔接，共同打造学生的专业核心技能。

在日常生产实践中，我们看到的高楼大厦、工业厂房等建筑，都是经过工程设计人员精心设计，并将设计思想按照一定的规则绘制成工程图样，再经施工人员照图施工，成就了大千世界各种造型、各种结构和功能的建筑物，形成了我们身边一道道靓丽的风景。从设计到施工，承载着设计师思想的建筑工程图样就是根据投影原理绘制而成的，主要用来表达建筑物的形状、大小、材料、做法、结构、构造等，是指导生产、施工、管理的重要技术文件，是工程技术人员交流的语言，作为未来土建行业的工程技术人员必须掌握这种语言，既要能看得懂图纸，也要能绘得了图纸。

二、学习任务

本课程的培养目标是通过学习投影理论、制图规定、表达方法，使学生具备绘制和识读工程图样的能力，具体任务如下：

(1)学习国家建筑制图标准有关规定。

(2)学习投影原理及形体的表达方法。

(3)培养学生空间问题的分析、转换和图解能力。

(4)培养学生识读和绘制建筑专业工程图样的能力。

(5)培养学生认真负责、严谨细致、一丝不苟的工作作风。

三、学习方法

"建筑工程制图与识图"主要学习形体的表达方法和房屋建筑的表达方法，学习过程中需要空间和平面的反复转换与对照，而房屋建筑造型各异，结构复杂、做法繁复，这需要我们在学习中多观察、多思考、多练习，再通过后续课程的进一步学习才能真正读懂和理解建筑工程图样，从而构建完整的建筑工程实体。具体应做到：

(1)熟记规范，遵守规范，养成良好习惯；

(2)做到画图与读图相结合；

(3)习惯二维与三维之间的转换，训练空间构型能力；

(4)专业图部分，熟记各种专业图例、代号、规定；

(5)尺规作图和计算机绘图需要多画多练，技能娴熟；

(6)多观察、多思考、多练习。

四、课程发展史

图形的历史由来已久，我国春秋时代的技术著作《周礼·考工记》中记载了规矩、绳墨、悬垂等绘图测量工具的运用情况；北宋李诫编著的《营造法式》一书，总结了我国历史上的建筑成就，全书共36卷，其中6卷是图样，有的图就是用正投影法画出的，还有斜轴测图的表达，可以说是我国最早的建筑制图著作。1799年，法国数学家、物理学家加斯帕尔·蒙日在总结前人经验的基础上，创立了画法几何学，奠定了工程制图的理论基础。20世纪50年代，我国著名学者赵学田教授简明而通俗地总结了三视图的投影规律——长对正，高平齐，宽相等。与此同时，随着生产建设的迫切需要，国家相关职能部门批准颁布了一系列制图标准，使全国的工程图样标准得到了统一，标志着我国工程图学进入到一个崭新的阶段。

20世纪70年代，计算机技术的发展大大改变了设计及绘图的方式，工程图样逐渐由传统的手工绘图转变为计算机绘图，计算机绘图在设计、教学、科研、生产中得到了极为广泛的应用，深入到越来越多的领域。

近十年来，由于计算机三维技术、虚拟现实技术及信息存储技术的快速发展，使设计方式和生产建设模式发生了根本的变化。可以预见，随着计算机三维技术的快速发展，三维图样代替二维图样将是未来工程制图的发展趋势；而表达方式也将向计算机三维效果图、计算机动画、虚拟现实等转变；技术资料的存储方式也将由图纸方式向网络、移动存储、云存储等模式转换。

图学诞生于古代文明的人类社会，工程制图的发展见证了人类科技文明的进步。掌握并运用工程制图知识，是现代社会和行业发展对每个从事建筑行业的技术人员提出的基本要求，唯有努力学习，练就技能，才能走向未来。

项目一　建筑制图基础

知识目标

　　通过本项目的学习，了解常用制图工具的使用方法，清楚《房屋建筑制图统一标准》(GB/T 50001—2017)中对图幅、图线、比例、文字、尺寸标注的基本规定，知道一般工程图样的绘制方法和步骤。

能力目标

　　能够遵守制图规定，做到作图准确、图线分明、字体工整、尺寸规范、整洁美观，养成良好的作图习惯。

任务一　制图工具及使用方法

　　学习制图，首先要了解各种制图仪器和工具的使用方法，才能保证绘图质量，加快绘图速度。尺规作图就是借助制图工具来绘制图样。常用的制图工具有铅笔、图板、丁字尺、三角板、比例尺、圆规、分规等。

一、铅笔

　　绘图时使用铅笔，其铅芯硬度用 H、B、HB 表示。H 表示硬芯铅笔，用于画底稿；B 表示软芯铅笔，用于加深图线；HB 表示中等软硬铅笔，用于注写文字及加深图线等。

二、图板、丁字尺和三角板

　　图板是用来安放图纸及配合丁字尺、三角板等进行作图的工具。图板常用胶合板制成，四边镶硬木条。板面必须松软、光滑平整、有弹性，两端要平整，角边需垂直。图板有 0 号、1 号、2 号等大小不同的规格，常根据图幅大小而定。

　　丁字尺由相互垂直的尺身和尺头组成。使用时，尺头紧靠图板左侧的导边，上下移动，自左向右画一系列横线，并可与三角板配合画竖线和斜线。注意不能使用尺身下边画线，也不能调头靠在图板的其他边沿上使用，如图 1-1 所示。

图 1-1　图板与丁字尺的用法

(a)正确用法；(b)错误用法

三角板与丁字尺配合既可自下而上画出铅垂线，或是自左向右画出与水平线成 30°、45°、60°、75°及 15°的斜线，也可画出任意直线的平行线和垂直线，如图 1-2 所示。

图 1-2　三角板的用法

(a)三角板与丁字尺配合画铅垂线；(b)画任意直线的平行线和垂直线

三、比例尺

建筑物形体的大小远远大于图纸上所画的建筑物图形。在图样中，图形与实物相应的线性尺寸之比，称为比例。刻有不同比例的直尺称为比例尺。常用的比例尺有两种：一种为有六种不同比例的三棱比例尺[图 1-3(a)]；另一种为有三种不同比例的比例直尺[图 1-3(b)]。比例尺的比例有百分比例和千分比例两种。比例尺上刻度所注数字的单位为米(m)。比例尺的材料一般为木质或塑料，绘图时不能将比例尺作为直尺使用。

四、圆规和分规

圆规是指用来画圆和圆弧的仪器。圆规的用法(图 1-4)：先把圆规两脚分开，使铅芯与针尖的距离等于所画圆弧半径，再用左手食指来帮助扎准圆心，从圆的中心线开始，顺时针方向转动圆规。转动时，圆规往前进方向稍微倾斜，整个圆弧应一次作完。画较大的圆弧时，应使圆规两脚与纸面垂直，画更大的圆弧时要接上延长杆。

图1-3　常用的比例尺

(a)三棱比例尺；(b)比例直尺

分规的形状与圆规相似，只是两腿均装有尖锥状钢针，既可用它量取线段的长度，也可用它等分直线段或圆弧，如图1-5所示。

如图1-6所示，若要将线段 AB 三等分，首先，将分规的两脚分开，针尖的距离约为 $1/3AB$ 的长度；然后，将 AB 试分三份。现在假设最后分到 C 点，还差 BC 一小段没有分完。此时，可大致将 BC 再等分三份，是原来分规针尖距离增加 $1/3BC$，再继续试分。如仍有差额(也可能超出 AB 线外)，则依上再作调整(或加或减)，直至恰好等分为止。

推平行线

直线等分

图1-4　圆规的用法

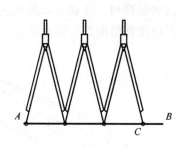

图 1-5　分规的用法

（a）使用方法；（b）量取长度；（c）等分线段

图 1-6　分规等分线段

五、擦线板

擦线板是用来擦去画错的图线并保护邻近的图线不被误擦的工具。使用时，选择适当形状的挖孔框住需擦去的线条，左手压紧擦图片，再用橡皮擦去框住的线条，如图 1-7 所示。

图 1-7　擦线板及其用法

六、曲线板

曲线板是用来画非圆曲线的工具。在使用曲线板之前，必须先确定曲线上的若干控制点，再分段画出，每次至少应有三点与曲线板相吻合，并应留出一小段，作为下次连接其相邻部分之用，以保持线段的顺滑，如图 1-8 所示。

与左段重合　本次描绘　留待与右段重合

图 1-8　曲线板的用法

圆内接七边形

四心法画椭圆

七、建筑模板

建筑模板上刻有许多建筑标准图例和常用符号的孔洞，使用时要选好孔型和位置用笔描出，如图1-9所示。

图1-9 建筑模板举例

任务二　制图基本规定

工程图样是工程界的技术语言，是表达建筑工程设计的重要技术资料，是施工的依据。为了使建筑工程图能够统一、清晰明了，提高制图质量，使之便于识读和技术交流，满足设计和施工的要求，对于图样的画法，图线的线型、线宽，图上尺寸的标注，图例及字体等都必须有统一的规定，这个统一的规定就是国家制图标准。国家有关部门制定出《房屋建筑制图统一标准》(GB/T 50001—2017)、《总图制图标准》(GB/T 50103—2010)、《建筑制图标准》(GB/T 50104—2010)、《建筑结构制图标准》(GB/T 50105—2010)等。这些制图标准(简称国标)是所有工程技术人员在设计、施工、管理中必须严格执行的条例，任何一个学习和从事工程制图的人都应该严格遵守。

一、图纸幅面和格式

图幅是指图纸的大小。为了合理使用图纸和便于管理装订，所有图纸幅面，必须符合《房屋建筑制图统一标准》(GB/T 50001—2017)的规定，图幅及图框尺寸见表1-1。必要时图纸幅面可以加长，但图纸短边尺寸不应加长，A0～A3幅面长边尺寸可加长。图幅加长尺寸见表1-2。

表1-1 图幅及图框尺寸　　　　　　　　　　　　　　　　　　　　　　mm

幅面代号	图纸幅面				
	A0	A1	A2	A3	A4
$b \times l$	841×1 189	594×841	420×594	297×420	210×297
c	10			5	
a	25				

幅面代号	长边尺寸	长边加长后的尺寸
A0	1 189	1 486(A0+l/4)　1 783(A0+l/2) 2 080(A0+3l/4)　2 378(A0+l)
A1	841	1 051(A1+l/4)　1 261(A1+l/2)　1 471(A1+3l/4) 1 682(A1+l)　1 892(A1+5l/4)　2 102(A1+3l/2)
A2	594	743(A2+l/4)　891(A2+l/2)　1 041(A2+3l/4) 1 189(A2+l)　1 338(A2+5l/4)　1 486(A2+3l/2) 1 635(A2+7l/4)　1 783(A2+2l)　1 932(A2+9l/4)　2 080(A2+5l/2)
A3	420	630(A3+l/2)　841(A3+l)　1 051(A3+3l/2) 1 261(A3+2l)　1 471(A3+5l/2)　1 682(A3+3l)　1 892(A3+7l/2)

注：有特殊需要的图纸可采用 $b×l$ 为 841 mm×891 mm 与 1 189 mm×1 261 mm 的幅面。

图 1-10 中 $b×l$ 为图纸的短边乘以长边，a、c 为图框线到幅面线之间的宽度。图纸幅面尺寸相当于 $\sqrt{2}$ 系列，即 $l=\sqrt{2}\,b$。从表 1-1 中可以看出，A1 号图纸是 A0 号图纸的对折，A2 号图纸是 A1 号图纸的对折，其他依此类推。图纸可分为横式和立式两种，一般 A0～A3 图纸宜用横式。图纸中的图框线应用粗实线画出。图框格式可分为留有装订边和不留装订边两种，但同一套图纸必须采用一种格式。图幅格式如图 1-10 所示。

制图规则-图幅

图 1-10　图纸幅面和规格
(a)A0～A3 横式幅面(一)；(b)A0～A3 横式幅面(二)；
(c)A0～A1 横式幅面(三)；(d)A0～A4 立式幅面(一)

图 1-10　图纸幅面和规格(续)

(e)A0~A4 立式幅面(二)；(f)A0~A2 立式幅面(三)

二、图纸标题栏

工程图纸标题栏如图 1-11 所示。不同行业规定的图纸标题栏格式不同。学校的制图作业一般可采用图 1-12 所示的格式。图名用 10 号字，校名用 7 号字，其他用 5 号字。

图 1-11　标题栏(单位：mm)

图 1-12　学生作业标题栏格式

三、字体

工程图纸常用文字有汉字、数字和字母，书写时必须做到排列整齐、字体端正、笔画清晰。

字体的高度即为字号，文字的字高应从表 1-3 中选用。

表 1-3　字高和字宽的关系　　　　　　　　　　　　　　　　　mm

字体种类	汉字矢量字体	Turn type 字体及非汉字矢量字体
字高	3.5、5、7、10、14、20	3、4、6、8、10、14、20

1. 汉字

汉字的字体应为长仿宋体。字高和字宽的关系见表 1-4。

表 1-4　字高和字宽的关系　　　　　　　　　　　　　　　　　mm

字号(字高)	3.5	5	7	10	14	20
字宽	2.5	3.5	5	7	10	14

长仿宋体的书写要领为：横平竖直、字体方正、结构匀称。同时，注意起笔、运笔、收笔，横笔互平，竖笔挺直；注意搭配结构匀称，规定字号格内书写，选定字样书写端正，书写笔画粗细一致，单字排列整齐清洁，字组间隔字字均匀。

2. 数字和字母

当数字、字母同汉字并列书写时，它们的字高比汉字的字高宜小一号或两号。

当拉丁字母单独用作代号或符号时，不使用 I、O 及 Z 三个字母，以免同阿拉伯数字的 1、0 及 2 相混淆。

工程图样中数字与字母可以按需要写成直体或斜体，一般书写可采用 75°斜体字。数字与汉字写在一起时，宜写成直体，且小一号或二号。

汉字、数字与字母的一般字体如图 1-13 所示。

图 1-13　汉字、数字与字母的一般字体

四、比例

图样的比例为图形与实物相对应的线性尺寸之比。如 1∶100 即指图上的尺寸为 1 mm，而实物的尺寸为 100 mm。比值大于 1 的为放大比例，比值小于 1 的为缩小比例，比值等于 1 的为原值比例。绘图所用的比例，应根据图样的用途和复杂程度，从表 1-5 中选用，并优选常用比例。一般情况下，一个图样应选用一种比例。

表 1-5　绘图所用比例

常用比例	1∶1、1∶2、1∶5、1∶10、1∶20、1∶30、1∶50、1∶100、1∶150、1∶200、1∶500、1∶1 000、1∶2 000
可用比例	1∶3、1∶4、1∶6、1∶15、1∶25、1∶40、1∶60、1∶80、1∶250、1∶300、1∶400、1∶600、1∶5 000、1∶10 000、1∶20 000、1∶50 000、1∶100 000、1∶200 000

比例的书写位置应在图名的右下侧并与图名的底部平齐，字体比图名字体小一号或二号（图 1-14）。当整张图纸只用同一比例时，也可注写在图纸标题栏内。应当注意，图中所注的尺寸是指物体实际的大小，与图的比例无关。

平面图 1∶100　⑥ 1∶20

图 1-14　比例的注写

五、图线

1. 图线的种类

在绘制工程图时，为了表示出图中不同的内容，能够分清主次，常采用不同粗细的图线。基本线型有实线、虚线、单点长画线、折断线、波浪线等。根据用途不同采用不同粗细的图线，图线的宽度 b 宜从 1.4 mm、1.0 mm、0.7 mm、0.5 mm、0.35 mm、0.25 mm、0.18 mm、0.13 mm 线宽系列中选取，图线宽度不宜小于 0.1 mm。每个图样应按照复杂程度与比例大小先选定基本线宽 b，再选用表 1-6 中的线宽组。

图纸的图框线和标题栏线可采用表 1-7 的线宽。各种图线的名称、线型、线宽及用途见表 1-8。

表 1-6 线宽组   mm

线宽比	线宽组			
b	1.40	1.00	0.70	0.50
$0.7b$	1.00	0.70	0.50	0.35
$0.5b$	0.70	0.50	0.35	0.25
$0.25b$	0.35	0.25	0.18	0.13

表 1-7 图框线、标题栏线宽度   mm

幅面代号	图框线	标题栏外框线	标题栏分格线
A0、A1	b	$0.5b$	$0.25b$
A2、A3、A4	b	$0.7b$	$0.35b$

表 1-8 图线的名称、线型、线宽与用途

名称		线型	线宽	用途
实线	粗	——————	b	主要可见轮廓线
	中粗	——————	$0.7b$	可见轮廓线
	中	——————	$0.5b$	可见轮廓线、尺寸线、变更云线
	细	——————	$0.25b$	图例填充线、家具线
虚线	粗	— — — —	b	见各有关专业制图标准
	中粗	— — — —	$0.7b$	不可见轮廓线
	中	— — — —	$0.5b$	不可见轮廓线、图例线
	细	— — — —	$0.25b$	图例填充线、家具线
单点长画线	粗	—·—·—	b	见各有关专业制图标准
	中	—·—·—	$0.5b$	见各有关专业制图标准
	细	—·—·—	$0.25b$	中心线、对称线、轴线等
双点长画线	粗	—··—··—	b	见各有关专业制图标准
	中	—··—··—	$0.5b$	见各有关专业制图标准
	细	—··—··—	$0.25b$	假想轮廓线、成型前原始轮廓线
折断线	细	∿	$0.25b$	断开界线
波浪线	细	～～～	$0.25b$	断开界线

2. 图线的画法和要求

(1)同一张图纸上，相同比例的各图样应选用相同的线宽组。

(2)相互平行的图例线，其净间隙或线中间隙不宜小于 0.2 mm。

(3)虚线、单点长画线或双点长画线的线段长度和间距，宜各自相等。

(4)单点长画线或双点长画线，当在较小图形中绘制有困难时，可用实线代替。

（5）单点长画线或双点长画线的两端不应是点，点画线与点画线交接或点画线与其他图线交接时应是线段交接。

（6）虚线与虚线交接，或虚线与其他图线交接时，应线段交接。当虚线为实线的延长线时，不得与实线相接。

（7）图线不得与文字、数字或符号重叠、混淆。不可避免时，应首先保证文字清晰。

图线的正确画法如图1-15所示。

错误　　正确

图1-15　图线的正确画法

六、尺寸注法

尺寸是施工的依据。用图线画出的图样只能表达物体的形状，必须标注尺寸才能确定其大小。

1. 尺寸组成

尺寸主要由尺寸线、尺寸界线、尺寸起止符号、尺寸数字四要素组成，如图1-16所示。

图1-16　尺寸组成

（1）尺寸线。尺寸线与所注的图线平行，用细实线绘制。

1）尺寸线画在两尺寸界线之间，长度不宜超出尺寸界线。

2）尺寸线不能由任何图线代替。轮廓线、轴线、中心线、尺寸界线及它们的延长线，一律不准代替尺寸线。

3）互相平行的尺寸线，应从被注图样的轮廓线由近向远整齐排列，小尺寸在内，大尺寸在外。

4）距图形轮廓线最近的一排尺寸线，与图形轮廓线间的距离不宜小于10 mm。平行排列的尺寸线间距宜为7～10 mm。同一张图纸上，尺寸线间距大小应保持一致。

(2)尺寸界线。尺寸界线表示尺寸范围的界限，一般与被注长度垂直，用细实线绘制。

1)由图形轮廓线、轴线或中心线处引出，但引出端应留有 2 mm 以上间隔，另一端超出尺寸线 2～3 mm。

2)必要时，图样轮廓线可作为尺寸界线。

3)标注直径、半径的尺寸界线，由圆弧轮廓线代替。

4)标注角度的尺寸界线沿径向引出。

5)标注轴测图尺寸时，尺寸界线平行于相应的轴测轴。

(3)尺寸起止符号。尺寸起止符号表示尺寸的起止线。在尺寸线与尺寸界线交点处画一中粗斜短线，其倾斜方向应以尺寸界线为基准，顺时针呈 45°，长度宜为 2～3 mm。半径、直径、角度和弧长的尺寸起止符号用箭头表示，如图 1-17 所示。

图 1-17　尺寸起止符号表示方法

(4)尺寸数字。尺寸数字表示尺寸大小。

1)数字要采用标准字体，书写工整，不得潦草。在同一张图上，数字及箭头的大小应保持一致。数字高一般为 3.5 mm，最小不得小于 2.5 mm。

2)线性尺寸的数字应注写在尺寸线的上方中部，垂直尺寸线，字头朝上。当尺寸线为竖直时，字头朝左，并应尽可能避免在图 1-18 所示 30°范围内标注尺寸，当无法避免时可引出标注。

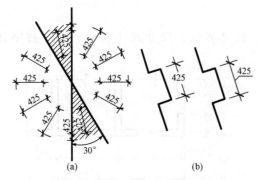

图 1-18　线性尺寸数字的注写方向

3)当尺寸界线的间隔太小，注写尺寸数字的位置不够时，最外边的尺寸数字可以注写在尺寸界线的外侧，中间的尺寸数字可与相邻的数字错开注写，必要时也可以引出注写(图 1-19)。

图 1-19　尺寸界线较密时的尺寸标注

2. 各种尺寸注法

（1）半径、直径和球的尺寸注法。用小于或等于半圆的圆弧标注半径。半径的尺寸线必须从圆心画起或对准圆心，尺寸起止符号画箭头，半径数字前加"R"。如在图纸范围内无法标出圆心位置，可以用折断线做尺寸线进行标注。大于半圆的圆弧或圆标注直径。直径的尺寸线则通过圆心或对准圆心，尺寸起止符号用箭头表示，直径数字前加"ϕ"。球的半径或直径的尺寸标注须在 R 或 ϕ 前加上 S，如"SR""Sϕ"。较小圆弧的尺寸数字可引出标注，如图 1-20 所示。

图 1-20　半径、直径和球的尺寸注法

（2）角度、弧长和弦长的尺寸注法。角度的尺寸线是以角的顶点为圆心的圆弧线，角度的两边为尺寸界线，尺寸起止符号用箭头；角度数字一律水平书写。角度、弧长、弦长的尺寸注法如图 1-21 所示。标注弧长时，应在尺寸数字上方加注符号"⌒"。弦长及弧长的尺寸界线应平行于该弦的垂直平分线，当弧较大时，尺寸界线可沿径向引出。

图 1-21　角度、弧长和弦长的尺寸注法

（3）其他尺寸注法举例。标注坡度时，应沿坡度画出指向下坡的箭头，在箭头的一侧或下端注写尺寸数字（百分比、比例、小数均可），如图 1-22 所示。

对于较多相等间距的连续尺寸，可以标注成乘积的形式，使用图 1-23 所示楼梯平面图中梯段部分 $9 \times 200 = 1\ 800$ 的注法。

图 1-22　坡度的尺寸标注

图 1-23　连续等间距的尺寸标注

对于桁架、钢筋及管线等的单线图，可把尺寸数字相应地沿着杆件或线路的一侧来注写，如图1-24所示。尺寸数字的读数方向则符合前述规则。

图1-24　桁架式结构的尺寸标注方法

任务三　尺规作图的一般方法

1. 绘图前的准备工作

(1)阅读有关文件、资料，了解所绘制图样的内容和要求。备齐工具，将图板、丁字尺、三角板等擦拭干净，铅笔和圆规上的铅芯修好备用。

(2)根据需绘图的数量、内容及大小，选定图纸幅面大小。有时还要按照选定的图幅进行裁纸。

(3)将图纸固定在图板的左下方，但下方距图板的下边缘至少要留有一个丁字尺尺身的距离。用透明胶带纸将图纸的四个角固定在图板上，如图1-25所示。

图1-25　图纸固定位置

2. 画图框线和标题栏

固定好图之后，即可按照国标规定画出图框线和标题栏。

3. 布置图形位置画底图

(1)安排整张图纸中各图的位置(按采用的比例并同时考虑预留标注尺寸、文字注释、各图间的净间隔等所需的空间，务必使图纸上各图安排得疏密匀称，既节约图幅而又不拥挤)。

(2)应根据需画图形的类别和内容来考虑先画哪一个图形。例如，画房屋的平面图和与之上下对应的立面图，先从左下方画平面图开始，然后再对准立面图。

(3)画出图形的基准线。根据已确定好的基准线，按给定的尺寸，用细而轻的图线画底图。画底图时一般采用2H、3H等较硬的铅笔为宜。逐个绘制各图线，包括画上尺寸界线、尺寸线、尺寸起止符号(起止短画或箭头)等底稿线等。

(4)画完一个图或一组图后，再画另一组图。倘若画的图中有轴线或中心线，应先画轴线或中心线，再画主要轮廓线，然后画细部的图线。对于图例部分可以不画底稿线，或只画一小部分底稿线，在铅笔加深时再直接画出。

16

(5)画其他图线。如剖切位置线、符号等。

(6)按照字体要求，书写各图名、比例、剖切编号、注释文字等，注意字体的整齐、端正。

4. 描深图线

图形绘制完成后，应做到图线粗细均匀、分明、深浅一致。因此，在底图绘制完成后，还需要用较软的铅笔进行描深。描深粗实线、虚线时可采用 B 或 HB 的铅笔，描深细实线、点画线时可采用 H 或 HB 的铅笔。描深图线的次序一般为：先曲线后直线；先实线后虚线；先粗线后细线。图形描深完成后再画尺寸起止符号、填写尺寸数字和书写文字说明，最后填写标题栏、加深图框线、标题栏外框线。

任务四　徒手画图

不用制图工具或仪器，只用铅笔徒手绘制的图样称为徒手图，也称为草图。

在实际工作中，在选择视图、配置视图、实物测绘、参观记录、方案设计和技术交流过程中，当建筑物需要改建或修复、机器局部零件损坏需要修配，以及在调查研究过程中收集资料时，往往需要测量实物、徒手作图，为制定技术文件提供原始资料。因此，徒手作图也是制图工作中重要的一环，要求做到：迅速、完整、清晰、准确。本任务要求学生掌握徒手绘图的方法，并徒手完成图 1-26 所示图形的绘制。

图 1-26　在方格纸上徒手画草图

一、草图绘制要求

(1)草图中的图线应粗细分明，符合各种线型的基本规定。

(2)草图没有比例，画图时仅凭绘制者目测形体各部位的长短比例关系绘制，但各部分之间要协调均匀，基本反映原形。

(3)草图中的尺寸标注应完整、正确、清晰，字体工整。

二、各种线型的徒手画法

1. 直线的徒手画法

画水平线和竖直线时的姿势，可以参照图1-27(a)，执笔不宜过紧、过低。画短线时，图纸可以放得稍斜，对于固定的图纸，则可适当调整身体位置。徒手画竖直线时，应自上往下画，如图1-27(b)所示。图线宜一次画成；对于较长的直线，可以分段画出。

(a)   (b)

图 1-27　徒手画直线的姿势
(a)画水平线；(b)画竖直线

2. 线型及等分线段画法

图1-28所示为徒手画出的不同线型的线段。图1-29所示为用目测估计来徒手等分直线，等分的次序如图线上下方的数字所示。

图 1-28　徒手画的线条

图 1-29　徒手等分直线

3. 斜线的徒手画法

画与水平线成30°、45°等特殊角度的斜线，如图1-30所示。按两直角边的近似比例关系，定出两端点后连接画出，也可以采用近似等分圆弧的方法画出。

图 1-30　徒手作常用角度的斜线

4. 圆的徒手画法

画直径较小的圆时，可如图 1-31（a）所示，在中心线上按半径目测定出四点后徒手连成。画直径较大的圆时，则可如图 1-31（b）所示，通过圆心画几条不同方向的直线，按半径目测确定一些点，再徒手连接而成。

图 1-31　徒手画圆

（a）画小圆；（b）画大圆

5. 椭圆的徒手画法

已知长短轴画椭圆，如图 1-32 所示，先作出椭圆的外切矩形，如椭圆较小，可以直接画出椭圆。如椭圆较大，则在画出外切矩形后，再在矩形对角线的一半长度上目测十等分，并定出其等分的点，依次徒手连接八点（称为八点法）即为求作的椭圆。

已知共轭轴画椭圆，如图 1-33 所示，可由共轭轴先作出外切平行四边形，其余作法与上述相同。

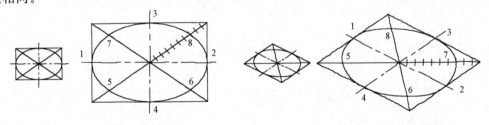

图 1-32　徒手八点法画椭圆　　　　**图 1-33　由共轭轴徒手画椭圆**

徒手画平面图形时，不要急于画细部，先要考虑大局，既要注意图形的长与宽的比例，也要注意图形的整体与细部的比例是否正确。草图最好画在方格纸上。图形各部分之间的比例，可借助方格数的比例来解决。

➤ 项目小结

本项目主要介绍了常用制图工具及使用方法、制图的基本规定、尺规作图的一般方法、徒手画图等制图基础知识。

(1)尺规作图是通过制图工具来进行的。常用的制图工具有铅笔、图板、丁字尺、三角板、比例尺、圆规、分规等。

(2)国家制图标准对于图样的画法，图线的线型、线宽，图上尺寸的标注，图例及字体等都做了统一的规定。

(3)尺规作图应该先画底稿，再加深图线，再注写尺寸文字。标注尺寸时，应做到尺寸齐全、正确和清晰。

(4)不用制图工具，只用铅笔徒手绘制的图样称为徒手作图。徒手作图也是制图工作中重要的一环，要求做到：迅速、完整、清晰、准确。

思考与练习

1. 常用的制图工具有哪些？
2. 简述图幅及图框的相关规定。
3. 简述汉字、数字与字母的书写要求。
4. 简述图线的类型、画法、用途。
5. 简述尺寸标注的注意事项。
6. 你知道制图标准代号"GB/T 50001—2017"的含义吗？
7. 你认为规范意识对于建筑行业施工一线技术员的必要性何在？

项目二　投影基本知识及点线面的投影

任务一　投影的基本知识

　　物体在光线(灯光和阳光)的照射下，会在地面或墙面上产生影子。这种影子的内部灰黑一片，只能反映物体的外形轮廓，无法反映物体各部分的形状，如图 2-1(a)所示。当光线照射的角度或距离改变时，影子的位置、形状也随之改变。也就是说，光线、物体、影子之间存在着紧密的联系。我们将自然界的影子进行科学抽象，形体的影子就发展成为能满足生产需要的投影图，这就是投影，如图 2-1(b)所示。本任务要求学生有投影的概念，了解常用的投影图。

(a)　　　　　　　　　　(b)

图 2-1　影子与投影

(a)影子；(b)投影

一、投影的形成

如图 2-2 所示，假设空间有一光源 S 和一三角形 ABC，假设光源发出的光线能够透过形体而将各个顶点和各条边线都在平面 H 上投落下它们的影子，这些点和线将组成一个能够反映出形体形状的图形。这个图形通常称为形体的投影，光源 S 称为投射中心，SA、SB、BC 称为投射线，平面 H 称为投影面。这种使空间形体在投影面上生成投影的方法，称为投影法。

图 2-2　投影的形成

由此可见，产生投影必须具备光源、投影面、形体三个条件。

二、投影的分类

投影法可分为中心投影法和平行投影法两类。

1. 中心投影法

如图 2-3 所示，投射中心 S 在有限的距离内，发出放射状的投射线，用这种投射线作出的投影四边形 abcd 称为四边形 ABCD 在 H 面的中心投影，作出中心投影的方法称为中心投影法。

2. 平行投影法

如图 2-4 所示，当投射中心 S 距离投影面无限远时，所有的投射线为平行线，用这种投射线作出的投影△abc 称为△ABC 在 H 面的平行投影，作出平行投影的方法称为平行投影法。

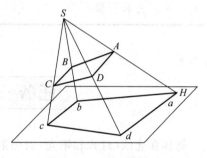

图 2-3　中心投影

在平行投影中，根据投射线与投影面的夹角不同，还可分为以下两种：

（1）正投影：投射线与投影面垂直时所作出的平行投影，称为正投影，如图 2-4（a）所示。作出正投影的方法称为正投影法。这种方法是工程上最常用的一种方法。

（2）斜投影：投射线与投影面倾斜时所作出的平行投影，称为斜投影，如图 2-4（b）所示。作出斜投影的方法称为斜投影法。这种方法常用来绘制工程图中的辅助图样，如斜轴测图。

(a)	(b)

图 2-4　平行投影
(a)正投影；(b)斜投影

三、投影图的分类

在图纸上表示工程结构时，由于所表达的目的及被表达对象的特性不同，往往需要采用不同的图示方法，得到不同的投影图。常用的投影图有多面正投影、轴测投影、透视投影和标高投影。

1. 多面正投影

设置两个或两个以上的投影面，将形体置于观察者和投影面之间，用正投影法将形体分别向所设置的投影面上进行投影；然后，将这些带有投影图的投影面展开在一个平面上，从而得到形体的多面正投影，如图 2-5（a）所示。这样绘制的工程图样虽然直观性差，但作图方便且便于度量，因此，成为工程中应用最广泛的一种图示方法，也是本任务讲述的主要内容。

2. 轴测投影

轴测投影是将形体连同参考直角坐标系，沿不平行于任一坐标平面的方向，用平行投影法将其投影在单一投影面上所得的具有立体感的投影图，如图 2-5（b）所示。轴测投影图虽然直观性较好，但作图烦琐，在一定条件下也可以度量长、宽、高三方向的尺寸，因此，在实际工程中常用作辅助图样。

3. 透视投影

透视投影是采用中心投影法将形体投影在单一投影面上所得的具有立体感的图形，如图 2-5（c）所示。透视投影图比较符合人们的视觉，具有直观、立体感强的特点，但作图较烦琐，度量性差。因此，该图常用作表现建筑物外观或室内装饰效果，以及道路设计中。

图 2-5　投影的分类

（a）多面正投影；（b）轴测投影；（c）透视投影；（d）标高投影

4. 标高投影

标高投影图是在形体的水平投影上加注某些特征面、线及控制点的高程数值的单面正投影，如图 2-5(d)所示。它主要用于表示地形面的形状。

任务二　三面投影图

工程上绘制图样的方法主要是正投影法，所绘正投影图能反映对象的实际形状和大小尺寸，即度量性好，且作图简便，能够满足设计与施工的需要。但是仅作一个单面投影图来表达物体的形状是不够的，因为一个投影图仅能反映该形体某些面的形状，不能表现出形体的全部形状。一般情况下，需要建立一个由互相垂直的三个投影面组成的投影体系，并作出形体在该投影体系三个投影面内的投影，这样，就可以充分表达出形体原有的空间形状。由这三个互相垂直的平面构成的体系称为三面投影体系。本任务要求学生通过对正投影投影特性、三面正投影图的形成原理的学习，思考三面正投影图的投影规律。

一、正投影的投影特性

1. 积聚性

若空间线 MN 和平面图形 $\triangle ABC$ 与投影面 H 垂直，如图 2-6 所示，则线段 MN 在该投影面上的投影 $m(n)$ 积聚为一点，平面图形 $\triangle ABC$ 在该投影面上的投影 $\triangle abc$ 积聚为一直线。

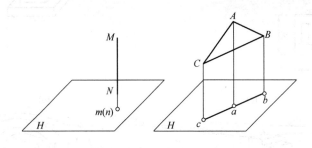

图 2-6　正投影的积聚性

2. 平行性

若空间两直线 AB、CD 相互平行，如图 2-7 所示，则它们的投影 ab、cd 也彼此平行，即 $AB /\!/ CD$，则 $ab /\!/ cd$。

3. 定比性

如图 2-8 所示，若空间线段 AB 上有一点 C 把线段分为 AC 和 CB 两段，则点 C 在 H 面上的投影一定落在线段 AB 的同面投影上。如果 AB 不垂直于投影面，则 AC 和 CB 两段的实长之比，等于其投影 ac 和 cb 之比，即 $AC : CB = ac : cb$。

图 2-7　正投影的平行性

图 2-8　正投影的定比性

4. 全等性

如果空间线段 MN 和平面图形 $ABCD$ 与投影面平行，如图 2-9 所示，则它们在该投影面上的投影反映线段 MN 的实长和平面图形 $ABCD$ 的实形，即 $mn = MN$，四边形 $abcd \cong$ 四边形 $ABCD$。

图 2-9　正投影的全等性

二、三面正投影图

空间形体都具有长度、宽度和高度三个方向的尺寸，可以通过正面、侧面和顶面来描述它的形状。形体的单一正投影，仅能反映两个方向的尺寸和一个面的形状。一般情况下，需要建立一个由互相垂直的三个投影面组成的投影体系，并作出形体在该投影体系三个投影面内的投影，这样，就可以充分表达出形体原有空间形状。

1. 三面投影体系的建立

如图 2-10 所示，在形体下方放置一投影面，称为水平投影面，用"H"表示，简称 H 面；在形体后方放置一投影面，称为正立投影面，用"V"表示，简称 V 面；在形体右侧方放置一投影面，称为侧立投影面，用"W"表示，简称为 W 面。

H、V、W 三个投影面两两相交，其交线称为投影轴，分别用 OX、OY、OZ 表示，三投影轴相交于一点 O，称为原点。

2. 三面正投影图的形成

将形体置于三面投影体系中，尽量让形体的各表面平行或垂直于投影面，如图 2-11 所示；然后，用三组平行且分别垂直于 H、V、W 面的投射线对该形体向三个投影面作正投影。其中，由上向下在 H 投影面得到的正投影图称为水平投影图，简称 H 投影；由前向后在 V 投影面得到的正投影图称为正立面投影图，简称 V 投影；由左向右在 W 投影面得到的正投影图称为侧立面投影图，简称 W 投影。

如图 2-12 所示，将投影后的形体从三面投影体系中取出，根据三面投影也可读出形体各个方面的尺寸大小和形状。如水平投影反映形体的顶面形状和长度、宽度的尺寸大小；正立面投影反映形体的正立面形状和长度、高度的尺寸大小；侧立面投影反映形体的左侧立面形状和宽度、高度的尺寸大小。

为了作图方便，通常将互相垂直的三个投影面展开在一个平面上。具体做法：如图 2-12 所示，将带有形体投影的三个投影面展开，V 面保持不动，H 面绕 OX 向下旋转 90°，W 面绕 OZ 向右旋转 90°，此时，OY 轴分成两条，随 H 面旋转的称为 OY_H 轴，随 W 面旋转的称为 OY_W 轴，如图 2-12(a) 所示。因为平面是无限延伸的，故可将投影面的边框去除。

三面投影体系
及三面投影图画法

图 2-10　三面投影体系的建立和形成

图 2-11　三面投影图的形成

在三面投影图中，形体左右两点之间平行于 OX 轴的距离为长度，上下两点之间平行于 OZ 轴的距离为高度，前后两点之间平行于 OY 轴的距离为宽度，如图 2-12(b)所示。V 面、H 面的投影都反映形体的长度，因此必须左右对齐，即"长对正"的关系；同理，V 面、W 面投影都反映形体的高度，必须上下对齐，即"高平齐"的关系；H 面、W 面的投影都反映形体的宽度，这两个宽度一定相等，即"宽相等"的关系。

"长对正、高平齐、宽相等"称之为"三等关系"，是形体三面投影图最基本的投影关系，也是画图和识图的基础。它不仅适用于整个形体的投影，也适用于形体每个局部的投影，如图 2-13 所示。

(a)   (b)

图 2-12　三面投影图的形成

(a)三个投影面展开在一个平面上；(b)三面正投影图

图 2-13　三等关系

任务三　点的投影

一、点的投影含义

点是构成形体的最基本元素，点只有空间位置而无大小。如图 2-14 所示，过空间一点 A 作 H 面的投射线，该投射线与投影面 H 的交点 a，即空间点 A 在 H 面的投影。

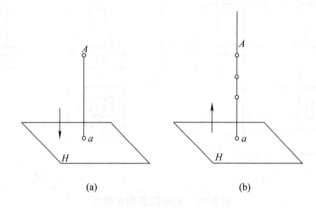

图 2-14　单面投影无法确定点的空间位置

(a)由空间点求正投影；(b)由正投影求空间点

投射线 Aa 上所有的点在 H 面的投影均与 a 重合，所以仅凭点 A 的单面投影 a，不能确定点 A 的空间位置。为了确定点的空间位置，设置三个相互垂直的投影面 H、V 和 W。

二、点的三面投影

1. 点的三面投影及投影规律

如图 2-15 所示，作出点 A 在三面投影体系中的投影 a、a'、a''，a 称为水平投影，a' 称为正面投影，a'' 称为侧面投影。将三面投影展开在一个平面上，投影图的边框可以省略，45°斜线可以作为作图的辅助线，从而实现 H 投影和 W 投影的对应关系。

点在三面投影体系中的投影规律如下：

(1)点的投影的连线垂直于相应的投影轴。

点的水平投影与正面投影的连线垂直于 OX 轴；正面投影与侧面投影的连线垂直于 OZ 轴。

(2)点的投影到投影轴的距离反映了点的坐标，同时，点的坐标也反映了点到某一投影面的距离。

点的水平投影至 OY_H 轴的距离等于点的正面投影至 OZ 轴的距离，且均反映点到 W 面的距离，称为该点的 X 坐标，即 $x = Aa'' = aa_{yH} = a'a_z$；

点的水平投影至 OX 轴的距离等于点的侧面投影至 OZ 轴的距离，且均反映点到 V 面

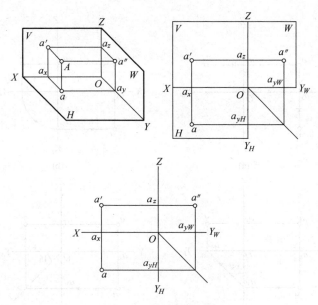

图 2-15　点的三面投影

的距离，称为该点的 Y 坐标，即 $y=Aa'=aa_x=a''a_z$；

点的正面投影至 OX 轴的距离等于点的侧面投影至 OY_W 轴的距离，且均反映点到 H 面的距离，称为该点的 Z 坐标，即 $z=Aa=a'a_x=a''a_{yW}$。

点的投影

因为水平投影 a 到 OX 轴的距离等于侧面投影 a'' 到 OZ 轴的距离，所以，这段距离可用下列四种几何作图的方法相互移量：

（1）如图 2-16(a) 所示，用分规量取 $aa_x=a''a_z$。

（2）如图 2-16(b) 所示，自 a 作水平线与 OY_H 相交于 a_y；然后，以 O 为圆心，以 Oa_y 为半径作弧，将 OY_H 上的 a_y 移到 OY_W 上，再从该点作 OY_W 的垂线，与过 a' 的水平线相交，即得 a''。

（3）如图 2-16(c) 所示，自 a 作水平线与 OY_H 相交于 a_y；然后，用直尺和三角板过 a_y 作 $45°$ 线，将 OY_H 上的 a_y 移到 OY_W 上，再从该点作 OY_W 的垂线，与过 a' 的水平线相交，也可得 a''。

（4）如图 2-16(d) 所示，自 a 作水平线，与经 O 点平分 XOZ 的 $45°$ 斜线相交；再从该点作 OY_W 的垂线，与过 a' 的水平线相交，也可求得 a''。

2. 位于投影面或投影轴上的点的投影

如果点位于某投影面上，则它在该投影面上的投影与其本身重合，另外两个投影落在相应的投影轴上。如图 2-17 所示，点 A 位于 H 面内，它的水平投影 a 与其本身重合，它的正面投影 a' 落在 OX 轴上，侧面投影 a'' 落在 OY 轴上。

如果点位于某投影轴上，则点在该投影轴相应的两投影面内的投影与其本身重合，另一投影落在坐标原点上。如图 2-17 所示，点 D 位于 OX 轴上，它的水平投影 d 与正面投影 d' 与其本身重合，d'' 落在坐标原点上。

图 2-16　水平投影与侧面投影 Y 坐标的移量

(a)取 $aa_x=a''a_z$；(b)以 Oa_y 为半径求得 a''；(c)过 a_y 作 45°线得 a''；(d)作平分 XOZ 的 45°斜线得 a''

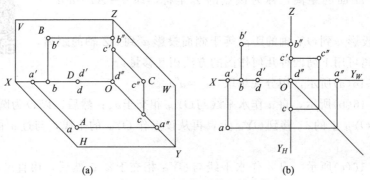

图 2-17　位于投影面和投影轴上的点的投影

(a)立体图；(b)投影图

三、两点的相对位置和重影点

1. 两点的相对位置

　　判断两点的相对位置，即比较两点的左右、前后、上下的位置关系。根据点的坐标，x 坐标反映左右，y 坐标反映前后，z 坐标反映上下。为了说明两个点的相对位置关系，通常先选定其中一点作为基准点，那么另一点即为比较点，判断比较点相对于基准点的位置。在两点的同面投影中，x 坐标值大的在左边，x 坐标值小的在右边；y 坐标值大的在前边，y 坐标值小的在后边；z 坐标值大的在上边，z 坐标值小的在下边。

　　如图 2-18 所示，若将已知点 B 作为基准点，其坐标为 (x_b, y_b, z_b)，将 A 作为比较点，其坐标为 (x_a, y_a, z_a)，由图中得到 $x_a>x_b$，$y_a<y_b$，$z_a<z_b$，则 A 点在 B 点的左、后、下方。

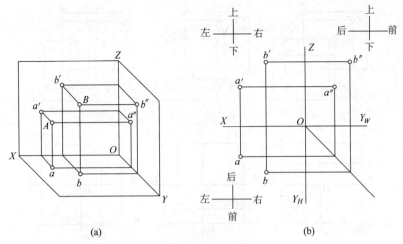

图 2-18　两点的相对位置
（a）立体图；（b）投影图

2. 重影点

如果空间两点的某两个坐标相同，那么这两个点就位于某投影面的同一条投射线上，这两点在该投影面上的投影就重合，这两点称为该投影面的重影点。重合在一起的投影，称为重影。重影中不可见的点应加括号表示。

如图 2-19（a）所示，A、B 两点的水平投影重合，这两点的 x、y 坐标相同，位于 H 面的同一条投射线上，故 A、B 两点为 H 面的重影点。从正面或者侧面投影中可以看出，A 点的 z 坐标大于 B 点的 z 坐标，说明点 A 在点 B 的上方。当向 H 面投影时，点 A 挡住点 B，故点 A 的水平投影可见，而点 B 的水平投影不可见。

如图 2-19（b）所示，C、D 两点的正面投影重合，这两点的 x、z 坐标相同，位于 V 面的同一条投射线上，故 C、D 两点为 V 面的重影点。从水平面或者侧面投影中可以看出，C 点的 y 坐标大于 D 点的 y 坐标，说明点 C 在点 D 的前方。当向 V 面投影时，点 C 挡住 D 点，故点 C 的正面投影可见，而点 D 的正面投影不可见。

如图 2-19（c）所示，E、F 两点的侧面投影重合，这两点的 y、z 坐标相同，位于 W 面的同一条投射线上，故 E、F 两点为 W 面的重影点。从水平面或者正面投影中可以看出，E 点的 x 坐标大于 F 点的 x 坐标，说明点 E 在点 F 的左方。当向 W 面投影时，点 E 挡住点 F，故点 E 的侧面投影可见，而点 F 的侧面投影不可见。

因为点的任何两个投影都可以确定点的空间位置，所以只要给出点的两面投影，就可以根据它的投影求出它的第三面投影。以下以例题的形式说明如何根据点的两面投影，求它的第三面投影。

【例 2-1】 已知点 A 的水平投影 a 和侧面投影 a''，如图 2-20（a）所示，求其正面投影 a'。

【分析】 由点的投影特性可知，点的正面投影与水平投影的连线垂直于 OX 轴，点的正面投影和侧面投影的连线垂直于 OZ 轴，故过 a 作 OX 轴的垂直线与过 a'' 作 OZ 轴的垂直线的交点，即为点 A 的正面投影 a'。

【作图】 如图 2-20（b）所示：

（1）过点 A 的水平投影 a 作 OX 轴的垂直线，交 OX 轴于 a_x，a' 必在 aa_x 的延长线上。

（2）过点 A 的侧面投影 a'' 作 OZ 轴的垂直线，交 OZ 轴于 a_z，a' 必在 $a''a_z$ 的延长线上，

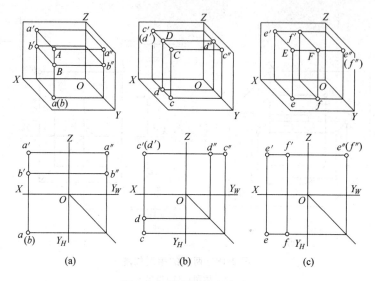

图 2-19　投影面的重影点

(a)H 面的重影点；(b)V 面的重影点；(c)W 面的重影点

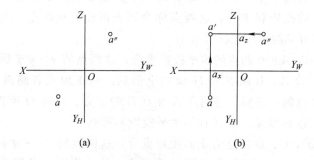

图 2-20　求点的正面投影

(a)已知 A 的水平投影 a 和侧面投影 a″；(b)求 A 的正面投影 a′

延长 $a''a_z$ 与 aa_x 的延长线相交，交点即为所求点 A 的正面投影 a'。

【**例 2-2**】　已知点 A 的坐标是(10，5，15)，求点 A 的三面投影，如图 2-21 所示。

【**分析**】　根据点 A 的坐标可知，点 A 到 W 面的距离为 10，到 V 面的距离为 5，到 H 面的距离为 15。由点的投影规律和点的三面投影和三个坐标的关系，即可得点 A 的三面投影。

【**作图**】

(1)如图 2-21(a)所示，画出投影轴，并标出相应的符号。

(2)如图 2-21(b)所示，自原点 O 沿 OX 轴向左量取 $x=10$，得 a_x；然后，过 a_x 作 OX 轴的垂线，沿垂线向下量取 5，即得水平投影 a；向上量取 15，即得正面投影 a'。

(3)如图 2-21(c)所示，过 a' 作 OZ 轴的垂线交 OZ 轴于 a_z，沿该垂直线向右量取 $y=5$，即得点的侧面投影 a''。a'' 也可以用图 2-16 所示的其他方法求得。

图 2-21　已知点的坐标求其三面投影

(a)画投影轴并标上相应符号；(b)取已知点 A 的坐标；(c)求 a″

任务四　直线的投影

直线的投影也可以由直线上两点的投影确定。求直线的投影，只要作出直线上两个点的投影，再将其同面投影相连，即是直线的投影。直线与其在各投影面上投影的夹角，称为直线与投影面的夹角，假设直线与 H 面、V 面、W 面的夹角分别用 α、β、γ 表示，如图 2-22 所示。根据直线与投影面的相对位置不同，直线可分投影面的垂直线、投影面的平行线和一般位置直线。其中，投影面的垂直线、投影面的平行线统称为投影面特殊位置直线。

图 2-22　直线的投影及直线对投影面的夹角

(a)立体图；(b)直线的投影

一、投影面的垂直线

1. 空间位置

投影面垂直线垂直于某一投影面，因而平行于另外两个投影面。直线垂直于 H 面，称为铅垂线；直线垂直于 V 面，称为正垂线；直线垂直于 W 面，称为侧垂线。

2. 投影特性

投影面垂直线在其所垂直的投影面上的投影，积聚为一点。由于投影面垂直线与其他两个投影面平行，其上各点到相应的投影面距离相等，所以其他两面投影平行于相应的投影轴，并反映直线的实长。

3. 读图

直线只要有一面投影积聚为一点，它必然是投影面垂直线，且垂直于积聚投影所在投影面。

各投影面垂直线的投影及投影特性，见表 2-1。

表 2-1　投影面垂直线的投影及投影特性

名称	铅垂线⊥H 面	正垂线⊥V 面	侧垂线⊥W 面
立体图			
投影图			
投影特性	AB 的水平投影积聚为一点，其正面投影 $a'b'$⊥OX 轴，且反映实长；其侧面投影 $a''b''$⊥OY_w 轴，且反映实长	CD 的正面投影积聚为一点，其水平投影 cd⊥OX 轴，且反映实长；其侧面投影 $c''d''$⊥OZ 轴，且反映实长	EF 的侧面投影积聚为一点，其水平投影 ef⊥OY_H 轴，且反映实长；其正面投影 $e'f'$⊥OZ 轴，且反映实长
总结：投影面垂直线在它所垂直的投影面上的投影积聚成点，另外两面投影分别垂直于相应的两个投影轴，且均反映实长。			

【例 2-3】 如图 2-23(a)所示，过 A 点作铅垂线 AB＝15，且 B 在 A 点的上方。

(a)　　　　　　　　　　(b)

图 2-23　求作铅垂线
(a)A 点的投影；(b)过 A 点作铅垂线

三类直线

三类直线
投影规律

【分析】 由铅垂线的投影特性可知，它的水平投影积聚为一点，B 在 A 的上方，故 A 的水平投影不可见，它的正面投影、侧面投影反映实长，且分别垂直于 OX 轴、OY_W 轴。

【作图】 如图 2-23(b)所示：

(1)过 a' 向上作与 OX 轴的垂线，截取长度 15，得 B 的正面投影 b'。

(2)过 a'' 向上作 OY_W 轴的垂线，截取长度 15，得 B 的侧面投影 b''。

(3)B 的水平投影与 A 的水平投影重影，且 a 不可见。

二、投影面的平行线

1. 空间位置

投影面平行线平行于某一投影面，但倾斜于其余两个投影面。直线平行于 H 面，称为水平线；直线平行于 V 面，称为正平线；直线平行于 W 面，称为侧平线。

2. 投影特性

投影面平行线在其平行的投影面内的投影是倾斜的，反映实长。该斜投影与投影轴的夹角，反映投影面平行线对相应投影面的倾角的实形；其余两个投影，平行于相应的投影轴。

3. 读图

一直线如果有一个投影平行于投影轴而另一投影倾斜时，它就是一条投影面平行线，平行于倾斜投影所在的投影面。

各投影面平行线的投影及投影特性见表 2-2。

表 2-2 投影面平行线的投影及投影特性

名称	水平线∥H 面	正平线∥V 面	侧平线∥W 面
立体图			
投影图			
投影特性	AB 的水平投影反映实长，且反映倾角 β、γ 的真实大小；正面投影 $a'b'$∥OX 轴，侧面投影 $a''b''$∥OY_W 轴，但不反映实长	CD 的正面投影反映实长，且反映倾角 α、γ 的真实大小；水平投影 cd∥OX 轴，侧面投影 $c''d''$∥OZ 轴，但不反映实长	EF 的侧面投影反映实长，且反映倾角 α、β 的真实大小；正面投影 $e'f'$∥OZ 轴，水平投影 ef∥OY_H 轴，但不反映实长
	总结：投影面平行线，在它所平行的投影面上的投影反映实长，同时分别反映它和另外两个投影面的夹角，而另外两面投影则分别平行于相应的投影轴，且长度缩短。		

【例 2-4】　如图 2-24(a)所示，过 A 点作侧平线 $AB=15$，且与 H 面的倾角 $\alpha=60°$。

【分析】　由侧平线的投影特性可知，它的侧面投影反映实长，且与 OY_W 轴的夹角反映直线对 H 面的倾角 α，它的水平投影与正面投影分别平行于 OY_H 和 OZ 轴。

【作图】　如图 2-24(b)所示：

(1)过 a'' 作与 OY_W 成 $60°$ 的直线，并截取 $a''b''=15$。

(2)过 b'' 作 OZ 轴的垂线，过 a' 作 OZ 轴的平行线，两线交点即为 B 的正面投影 b'。

(3)过 b'' 作 OY_W 轴的垂线，并垂直于 OY_H 轴，过 a 作 OY_H 的平行线，两线交点即为 B 的水平投影 b。

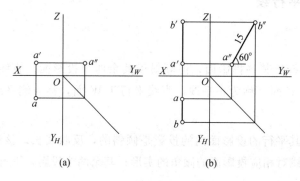

(a)　　　　　　　　(b)

图 2-24　求作侧平线

(a)A 点的投影；(b)过 A 点求作侧平线

三、投影面的一般位置直线

1. 一般位置直线的投影

如图 2-25 所示，一般位置直线的投影有如下特点。

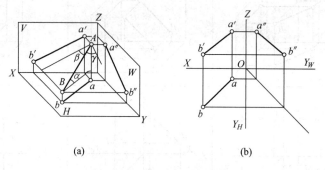

(a)　　　　　　　　(b)

图 2-25　一般位置直线的投影

(a)立体图；(b)投影图

(1)一般位置直线对各投影面都倾斜。直线对投影面的倾角，就是该直线和它在该投影面内投影的夹角。直线 AB 的 H 投影 ab，其长度 $ab=AB \cdot \cos\alpha$，同理可得，AB 在其他投影面内投影的长度，即 $a'b'=AB \cdot \cos\beta$，$a''b''=AB \cdot \cos\gamma$。其余弦必小于 1，故一般位置直线三面投影的长度都小于线段的实长。

(2)一般位置直线上各点到投影面的距离都不相等，所以，一般位置直线在各投影面内的投影都倾斜于投影轴。读图时，只要有两面投影是倾斜的，则它必为一般位置直线。

（3）一般位置直线对 H、V、W 面的倾角 α、β、γ，在投影面中都不反映实形。

2. 一般位置直线的实长和倾角

如前所述，投影面垂直线、投影面平行线在某一投影面内的投影，总能反映实长及其对投影面的倾角，但一般位置直线在各投影面上的投影既不能反映它的实长，也不能反映直线对投影面的倾角。在实际中，经常要根据直线的投影，求出它的实长和对投影面的倾角。

（1）直线对 H 面的倾角 α 及其实长。

【分析】 如图 2-26（a）所示，直线 AB 与其水平投影 ab 确定了平面 $ABba$ 垂直于 H 面，在该平面内过点 B 作 ab 的平行线，交 Aa 于 A_0，则构成了一个直角三角形 $\triangle AA_0B$。由该直角三角形 $\triangle AA_0B$ 可知，直角边 $A_0B=ab$，另一直角边 AA_0 等于 A、B 两点到 H 面的距离之差，它的对角 $\angle ABA_0$ 即为空间直线 AB 对 H 面的倾角 α；斜边 AB 即为实长。由此，我们只要求出直角三角形 $\triangle ABA_0$ 的实形，就可求得一般位置直线 AB 对 H 面的倾角及其实长。

动画：求实长及 α

根据投影图，AB 的水平投影已知，即已知直角三角形的一直角边，另一直角边为 A、B 两点到 H 面的距离差，由正面投影可以求得，这样就可以作出直角三角形 $\triangle ABA_0$ 的实形了。

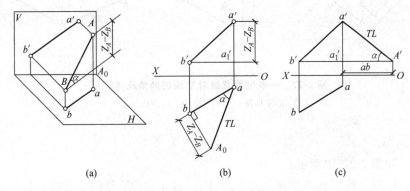

图 2-26　一般位置直线对 H 面的倾角及其实长

(a)立体图；(b)方法一；(c)方法二

【作图】

方法一 如图 2-26（b）所示：

1）求 A、B 两点到 H 面的距离之差 Z_A-Z_B：过 b' 作 OX 轴的平行线，且与 aa' 交于 a'_1，则 $a'a'_1$ 等于 A、B 两点到 H 面的距离之差。

2）以 ab 为一直角边，$a'a'_1$ 为另一直角边，作直角三角形：过 b 作 ab 的垂线，在该垂线上截取 $bA_0=a'a'_1$，连接 aA_0，则 $\angle A_0ab$ 即为 AB 对 H 面的倾角 α，aA_0 的长度即 AB 的实长 TL。

方法二 如图 2-26（c）所示：

1）过 b' 作 OX 轴的平行线，且与 aa' 交于 a'_1，则 $a'a'_1$ 等于 A、B 两点到 H 面的距离之差。

2)在 $b'_1a'_1$ 的延长线上截取 $a'_1A'=ab$，并连接 $a'A'$，则 $\angle a'A'a'_1$ 即为 AB 对 H 面的倾角 α，$a'A'$ 的长度即 AB 的实长 TL。

显然，在图 2-26(b)中的 $\triangle A_0ab$，图 2-26(c)中的 $\triangle a'A'a'_1$ 是两个全等三角形，且都等于图 2-26(a)中的 $\triangle ABA_0$。

（2）直线对 V 面的倾角 β 及其实长。

【分析】 如图 2-27(a)所示，直线 AB 与其正面投影 $a'b'$ 确定了平面 $ABb'a'$ 垂直于 V 面，在该平面内过点 A 作 $a'b'$ 的平行线，交 Bb' 于 B_0，则构成了一个直角三角形 $\triangle AB_0B$。由该直角三角形 $\triangle AB_0B$ 可知，直角边 $AB_0=a'b'$，另一直角边 BB_0 等于 A、B 两点到 V 面的距离之差，它的对角 $\angle B_0AB$ 即为空间直线 AB 对 V 面的倾角 β；斜边 AB 即实长。由此，只要求出直角三角形 $\triangle B_0AB$ 的实形，就可求得一般位置直线 AB 对 V 面的倾角及其实长。

根据投影图，AB 的正面投影已知，即已知直角三角形的一直角边，另一直角边为 A、B 两点到 V 面的距离差，由水平投影可以求得，这样就可以作出直角三角形 $\triangle B_0AB$ 的实形了。

图 2-27　一般位置直线对 V 面的倾角及其实长

(a)立体图；(b)方法一；(c)方法二

【作图】

方法一 如图 2-27(b)所示：

1)求 A、B 两点到 V 面的距离之差 Y_B-Y_A：过 a 作 OX 轴的平行线，且与 bb' 交于 b_1，则 bb_1 等于 A、B 两点到 V 面的距离之差。

2)以 $a'b'$ 为一直角边，bb_1 为另一直角边，作直角三角形：过 b' 作 $a'b'$ 的垂线，在该垂线上截取 $b'B_0=bb_1$，连接 $a'B_0$，则 $\angle B_0a'b'$ 即 AB 对 V 面的倾角 β，$a'B_0$ 的长度即 AB 的实长 TL。

方法二 如图 2-27(c)所示：

1)过 a 作 OX 轴的平行线，且与 bb' 交于 b_1，则 bb_1 等于 A、B 两点到 V 面的距离之差。

2)在 ab_1 的延长线上截取 $b_1B'=a'b'$，并连接 bB'，则 $\angle bB'b_1$ 即 AB 对 V 面的倾角 β，bB' 的长度即 AB 的实长 TL。

显然，在图 2-27(b)中的 $\triangle B_0a'b'$，图 2-27(c)中的 $\triangle bB'b_1$ 是两个全等三角形，且都等于图 2-27(a)中的 $\triangle ABB_0$。

一般位置直线对 W 面的倾角 γ 的求法，可依据求 α、β 的原理进行。不同的是，求 γ 角的时候是以直线的侧面投影为一直角边，以线上两端点到 W 面的距离差为另一直角边构建直角三角形的。

上述利用构建直角三角形求解一般位置直线对投影面的倾角及其实长的方法，称为直角三角形法。可见，对于一般位置直线来说，要求一直线对某投影面的倾角，就以直线在该投影面内的投影为一直角边，以直线两端点到该投影面的距离差为另一直角边，构建直角三角形；直角三角形的斜边即所求一般位置直线的实长，斜边与该投影面投影的夹角即所求一般位置直线对投影面的倾角。

【例2-5】 如图2-28(a)所示，已知一直线 AB 的正面投影 $a'b'$，以及 A 的水平投影 a，AB 的长度为20，求 AB 的水平投影和 AB 对 V 面的倾角 β。

图 2-28　求直线的水平投影及 β 角
(a)已知条件；(b)方法一；(c)方法二

【分析】 由点的投影规律可知，B 的水平投影 b 与其正面投影 b' 的连线垂直于 OX 轴，因此只需求出 A、B 两点到 V 面的距离差，即它们的 Y 坐标差 $Y_A - Y_B$，就可得 b。根据直角三角形法的原理，以 $a'b'$ 为一直角边，斜边长为20作直角三角形，它的另一直角边就是 A、B 两点到 V 面的距离差，$Y_A - Y_B$ 所对的角即为直线 AB 对 V 面的倾角 β。本题有两解。

【作图】 如图2-28(b)所示：

(1)以 $a'b'$ 为一直角边，斜边长为20作直角三角形，即 $\triangle A_0 a'b'$，则 $A_0 a' = Y_A - Y_B$，它所对的 $\angle A_0 b'a' = \beta$。

(2)过 b' 作 OX 轴的垂线，过 a 作 OX 轴的平行线，两线交点记作 b_1，然后沿 $b_1 b'$ 向后截取 $b_1 b = A_0 a'$，即得 B 的水平投影 b（若向前截取可得另一解）。

(3)连接 a、b，即得直线 AB 的水平投影。

此题也可采用图2-28(c)所示的方法求解。

【例2-6】 如图2-29(a)所示，已知直线 AB 的水平投影 ab 和点 B 的正面投影 b'，且直线 AB 对 H 面的倾角为30°，求 AB 的正面投影 $a'b'$。

【分析】 已知点 B 的正面投影 b'，所以只要求出 A、B 两点到 H 面的距离差 $Z_A - Z_B$，即可确定点 A 的正面投影 a'。根据上述直角三角形法的原理，以 ab 为一直角边，作一锐角为30°的直角三角形，30°角所对的直角边即 A、B 两点到 H 面的距离差 $Z_A - Z_B$。

【作图】 如图2-29(b)所示：

(1)以 ab 为一直角边，作一锐角为30°的直角三角形 $\triangle A_0 ab$，则直角边 $A_0 b$ 等于 A、B 两点到 H 面的距离差 $Z_A - Z_B$。

(2)过 a 作 OX 轴的垂线，过 b' 作 OX 轴的平行线，两线相交于一点 a_1'；从 a_1' 向上截取 $a_1' a' = A_0 b$（向下截取可得另一解），得 a'。

(3)连接 $a'b'$ 即得 AB 的正面投影。

此题也可采用图 2-29(c)所示的方法求解。

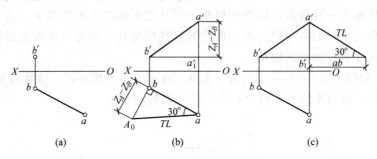

图 2-29　求直线的正面投影

(a)已知条件；(b)方法一；(c)方法二

四、直线上的点

(1)如果点在直线上，则点的投影必在直线的投影上，并符合点的投影规律。如图 2-30 所示，直线 AB 上的点 C，其投影 c、c'、c'' 分别落在 ab、$a'b'$、$a''b''$ 上，且 cc'、$c'c''$ 分别垂直于相应的投影轴。

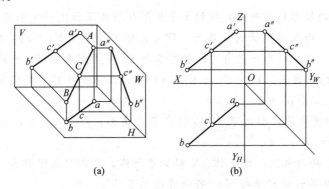

图 2-30　直线上的点

(a)立体图；(b)投影图

(2)点 C 分 AB 为 AC 和 CB 两段，点 C 的投影 c 也分 ab 为 ac、cb 两段。由于 Cc 平行于 Aa，也平行于 Bb，所以 $AC:CB=ac:cb$，同理可得 $AC:CB=a'c':c'b'=a''c'':c''b''$，即直线上的点分线段的比例投影后不变。这称为直线上的点的定比性。

【例 2-7】 已知直线 AB 的两面投影，如图 2-31(a)所示，试在直线上找到一点 C，使得 $AC:CB=4:3$，完成投影图。

【分析】 根据直线上的点的投影特性及定比性的性质，可知如果 $AC:CB=4:3$，则 $ac:cb=a'c':c'b'=4:3$。因此，只需用平面几何作图的方法，把 ab 或 $a'b'$ 分为 $4:3$，即可得点 C 的投影。

【作图】 如图 2-31(b)所示：

(1)过 a 作一条直线，并从 a 点起，任取 7 等份，得 1、2、3、4、5、6、7 七个分点。

(2)连接 b、7，再过第 4 分点作 $b7$ 的平行线，得 C 的水平投影 c。

(3)过 c 作 OX 轴的垂直线，交 $a'b'$ 于 c'，即 C 点的正面投影。

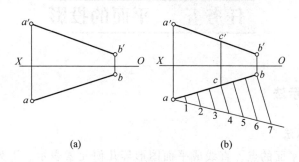

图 2-31　定比分线段

(a)已知直线 AB 的两面投影；(b)试在其上找到一点 C，使 $AC:CB=4:3$

【**例 2-8**】　如图 2-32(a)所示，已知侧平线 AB 和点 M 的两面投影，判断点 M 是否在侧平线 AB 上。

【**分析**】　根据直线上的点的投影特性可知，如果点 M 在直线 AB 上，那么点 M 的三面投影一定落在直线的同面投影上，且点分线段的比例不变，即 $am:mb=a'm':m'b'$。因此，可以用定比性来判断点 M 是否在直线上，也可根据第三面投影来判断。

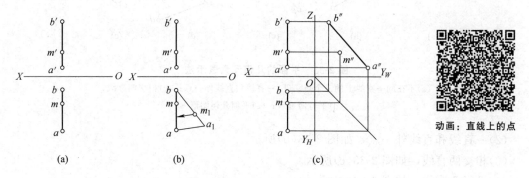

图 2-32　判断点是否在直线上

(a)已知侧平线 AB 和点 M 的两面投影；(b)方法一；(c)方法二

动画：直线上的点

【**作图**】

方法一　如图 2-32(b)所示：

(1)在直线的水平投影上过 b 任取一直线，令 $ba_1=b'a'$，$bm_1=b'm'$。

(2)连接 aa_1，过 m_1 作 aa_1 的平行线，它与 ab 的交点不是 m，这说明 $am:mb\neq a'm':m'b'$。由此可判定点 M 不在直线 AB 上，只不过是与 AB 在同一侧平面内的点。

方法二　如图 2-32(c)所示：

分别求出直线 AB 和点 M 的侧面投影 $a''b''$ 和 m''，可以看出 m'' 不在 $a''b''$ 上，由此也可判定点不在直线 AB 上。

任务五　平面的投影

一、平面的表示法

1. 几何元素表示法

平面常以确定该平面的点、直线或平面图形等几何元素表示。下列各组几何元素均可表示一个平面：

(1) 不在同一直线上的三个点，如图 2-33(a) 所示。

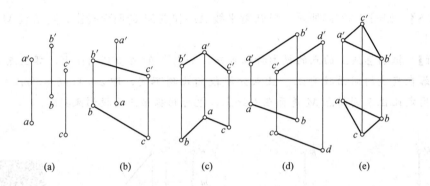

图 2-33　平面的几何元素表示法
(a) 不在同一直线上的三个点；(b) 一直线和直线外一点；(c) 相交两直线；
(d) 平行两直线；(e) 平面几何图形

(2) 一直线和直线外一点，如图 2-33(b) 所示。

(3) 相交两直线，如图 2-33(c) 所示。

(4) 平行两直线，如图 2-33(d) 所示。

(5) 平面几何图形，如三角形等，如图 2-33(e) 所示。

2. 迹线表示法

平面与投影面的交线称为平面的迹线，其中与 H 面的交线称为水平迹线；与 V 面的交线称为正面迹线；与 W 面的交线称为侧面迹线。如图 2-34 所示，若平面用 P 表示，则其水平迹线、正面迹线、侧面迹线分别用 P_H、P_V、P_W 表示。迹线 P_H 与 P_V、P_H 与

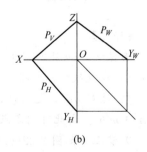

图 2-34　平面的迹线表示法
(a) 立体图；(b) 投影图

P_W、P_V 与 P_W 分别交于 X 轴上点 P_X、Y 轴上点 P_Y、Z 轴上点 P_Z。

实际上，用迹线表示平面是用几何元素表示平面中相交两直线的一种特例，也就是说，P_H、P_V、P_W 实际上是三条特殊的相交的直线。P_H 直线的水平投影和其本身重合，其正面

投影落在 OX 轴上；P_V 直线的正面投影和其本身重合，其水平投影落在 OX 轴上。

空间平面对投影面有三种不同位置，即投影面平行面、投影面垂直面和一般位置面。在建筑形体上的平面，以投影面平行面和投影面垂直面为主。

二、投影面的平行面

1. 空间位置

投影面平行面平行于一个投影面，因此，垂直于其他两个投影面。平行于 H 面的称为投影面水平面；平行于 V 面的称为投影面正平面；平行于 W 面的称为投影面侧平面。

2. 投影特性

投影面平行面在其平行的投影面内的投影，反映该平面图形的实形；由于投影面平行面又垂直于其他两个投影面，所以在其他两投影面内的投影积聚为一直线，且平行于相应的投影轴。

3. 读图

一平面只要有一投影积聚为一条平行于投影轴的直线，该平面就平行于非积聚投影所在的投影面，且此非积聚投影反映该平面图形的实形。

各投影面平行面的投影及投影特性见表 2-3。

三类平面

三类平面
及投影规律

表 2-3　投影面平行面的投影及投影特性

名称	水平面∥H 面	正平面∥V 面	侧平面∥W 面
立体图			
投影图			
投影特性	水平面的水平投影反映实形，正面投影和侧面投影积聚为直线，且分别平行于 OX 轴和 OY_W 轴	正平面的正面投影反映实形，水平投影和侧面投影积聚为直线，且分别平行于 OX 轴和 OZ 轴	侧平面的侧面投影反映实形，水平投影和正面投影积聚为直线，且分别平行于 OY_H 轴和 OZ 轴
	总结：投影面平行面，在它所平行的投影面上的投影反映实形，另外两面投影则积聚成线，且分别平行于相应的投影轴		

三、投影面的垂直面

1. 空间位置

投影面垂直面垂直于一个投影面，倾斜于其余投影面。垂直于 H 面的称为铅垂面；垂直于 V 面的称为正垂面；垂直于 W 面的称为侧垂面。

2. 投影特性

投影面垂直面在其垂直的投影面内的投影积聚为一条斜直线，斜直线与相应投影轴的夹角反映了该平面对投影面的倾角。平面对投影面的倾角是指平面与投影面所夹的二面角。投影面垂直面在另两个投影面内的投影反映平面的类似形，且均比原平面实形小。

所谓类似形，是当平面与投影面倾斜时，它在该投影面上的投影与原平面图形的形状类似，即边数不变、平行不变、曲直不变、凹凸不变，但不是原平面图形的相似形。为与初等几何中的相似形作区分，故在画法几何中称为类似形。

3. 读图

一平面只要有一面投影积聚为一斜直线，则该平面必垂直于积聚投影所在的投影面。

各投影面垂直面的投影及投影特性见表 2-4。

表 2-4 投影面垂直面的投影及投影特性

名称	铅垂面⊥H 面	正垂面⊥V 面	侧垂面⊥W 面
立体图			
投影图			
投影特性	铅垂面的水平投影积聚为一条斜直线，且反映 β、γ 角；正面投影、侧面投影为平面图形的类似形	正垂面的正面投影积聚为一条斜直线，且反映 α、γ 角；水平投影、侧面投影为平面图形的类似形	侧垂面的侧面投影积聚为一条斜直线，且反映 α、β 角；水平投影、正面投影为平面图形的类似形
	总结：投影面垂直面，在它所垂直的投影面上的投影积聚成线，同时反映它和另外两个投影面的夹角，另外两个投影面的投影都是缩小的类似形		

四、一般位置平面

1. 空间位置

一般位置平面对三个投影面都是倾斜的。

2. 投影特性

因为一般位置平面倾斜于投影面，所以三面投影都不反映实形，也没有积聚投影，而是反映原平面图形的类似形，如图 2-35 所示。

(a)   (b)

图 2-35　一般位置平面

(a)立体图；(b)投影图

3. 读图

一平面的三面投影如果都是平面图形，则它必是一般位置平面。

五、平面上的点和线

根据上述相关知识，进一步研究平面内的点和线的投影特性，具体如下所述。

1. 平面内的点

(1)点在平面内的几何条件。如果点在平面内的一条直线上，则点必在平面内。

(2)投影特性。如果点的投影在平面内的某一直线的同面投影上，且符合直线上的点的投影规律，则点必在平面内。例如，如图 2-36 所示，点 M 的投影在平面 P 内的一条直线 AB 上，M 点必在平面 P 内。

(3)在平面内取点的方法。先在平面内取线，再在线上定点。

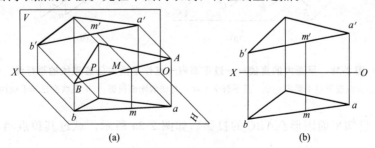

(a)   (b)

图 2-36　平面内的点

(a)点 M 的投影在平面 P 内的一条直线 AB 上；(b)M 点必在平面 P 内

2. 平面内的线

（1）直线在平面内的几何条件。

1）如果直线通过已知平面内的两个点，则直线一定在已知平面内。

2）如果直线通过已知平面内的一点，且和平面内的某一直线平行，则该直线一定在已知平面内。

（2）投影特性。

1）如果直线的投影通过已知平面内两点的同面投影，如图 2-37 所示，则该直线一定在平面内。

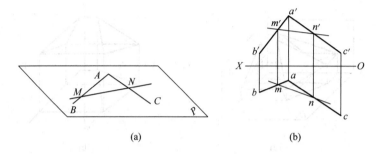

图 2-37 平面内的直线——过平面内的两点
（a）直线投影过已知平面内两点的同面投影；（b）直线在平面内

2）如果直线的投影通过平面内一点，且平行于平面内一直线的同面投影，如图 2-37 所示，则直线必在已知平面内。

（3）平面内取线的方法。

1）过平面内两点，如图 2-37 所示，过平面 P 内两点 M、N 作直线 MN，则直线 MN 必在已知平面 P 内。

2）过平面内一点作平面内任意一条直线的平行线。如图 2-38 所示，过平面 P 内任意一点 M，作平面内任意直线 AC 的平行线 MN，MN 一定在平面 P 内。

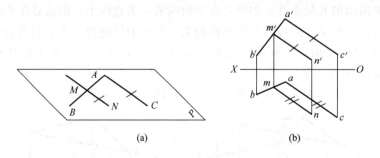

图 2-38 平面内的直线——过平面内一点作平面内任意直线的平行线
（a）直线投影过平面内一点，且平行于平面一直线的同面投影；（b）直线在已知平面内

【例 2-9】 已知平面图形△ ABC 的投影，如图 2-39 所示，试过其顶点 A，在该平面内任取一条直线。

【分析】 已知点 A 是△ ABC 内一点，根据直线在平面内的几何条件，只要在△ ABC 内再确定一点（如在 BC 边上任取一点 D），则 A、D 的连线必在△ ABC 平面内；或者过点

A 作直线 L，与 $\triangle ABC$ 内的任一已知直线(如 BC)相平行，则直线 L 也必在平面内。

【作图】

方法一　如图 2-39(b)所示：

根据直线上的点的投影特性，作出 BC 上任一点的投影 d、d'，分别连接 a、d 和 a'、d'，则直线 $AD(ad，a'd')$ 必在 $\triangle ABC$ 内。

方法二　如图 2-39(c)所示：

分别过 A 的水平投影 a 和正面投影 a' 作直线 $l \parallel bc$，$l' \parallel b'c'$，则直线 $L(l，l')$ 也必在 $\triangle ABC$ 平面内。

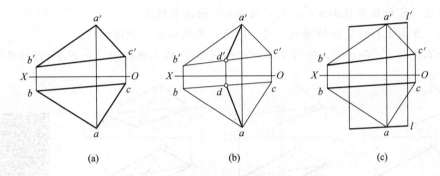

图 2-39　平面内取线

(a)$\triangle ABC$ 的投影；(b)作直线 $AD(ad，a'd')$；(c)作直线 $L(l，l')$

【例 2-10】　已知 $\triangle ABC$ 内一点 K 的水平投影 k，如图 2-40 所示，求其正面投影 k'。

【分析】　点 K 在 $\triangle ABC$ 平面内，它必在该平面内的一条直线上，且 k、k' 也一定分别位于该直线的同面投影上。因此，要求点 K 的投影，需要先在平面内确定 K 点所在的直线的投影。

【作图】

方法一　用平面内的已知两点确定 K 点所在直线，如图 2-40(b)所示：

(1)在水平投影中过 k 点任意作一条直线 ad。

(2)求作直线 AD 的正面投影 $a'd'$。

(3)过 k 点向上作 OX 轴的垂线，与 $a'd'$ 相交，交点即所求 K 点的正面投影 k'。

方法二　用过平面内的一点，作平面已知直线的平行线，如图 2-40(c)所示：

(1)在水平投影上过 k 点作 ab 的平行线，分别与 ac、bc 相交于 m、n。

(2)求作 MN 的正面投影 $m'n'$，且 $m'n' \parallel a'b'$。

(3)过 k 点向上作 OX 轴的垂线，与 $m'n'$ 交于 k'，即得点的正面投影 k'。

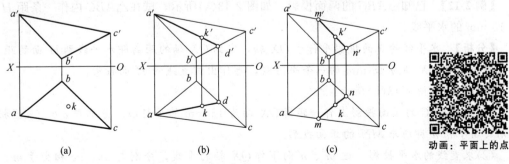

图 2-40　平面内取点

(a)$\triangle ABC$ 的投影；(b)方法一；(c)方法二

动画：平面上的点

【例2-11】 已知平面四边形 $ABCD$ 的水平投影 $abcd$ 和正面投影 $a'b'd'$，如图2-41(a) 所示，试完成该四边形的正面投影。

【分析】 已知四边形 $ABCD$ 为一平面图形，所以，点 C 必在 AB、AD 两相交直线所确定的平面内，则点 C 的正面投影 c' 可应用平面内取点的方法求得。

【作图】 如图2-41(b)所示：

(1)连接 BD 的同面投影 b、d 和 b'、d'。

(2)连接 A、C 的水平投影 a、c，与 bd 相交于 e(ae 即平面内过 C 点的直线 AE 的水平投影)。

(3)求出 AE 的正面投影 $a'e'$，则 c' 必在 $a'e'$ 的延长线上。

(4)过 c 点向上作 OX 轴的垂线，与 $a'e'$ 的延长线相交，即得 c'。

(5)分别连接 $b'c'$ 和 $c'd'$，即得平面四边形 $ABCD$ 的正面投影，如图2-41(c)所示。

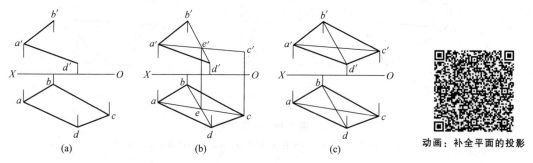

图 2-41　完成平面四边形的正面投影

(a)四边形投影已知条件；(b)作图；(c)完成正面投影

3. 平面内的特殊位置直线

平面内投影面的平行线。平面内投影面的平行线有平面内的水平线、正平线和侧平线三种。它们既符合平面内的直线的几何条件，又符合投影面平行线的投影特性。

如图2-42所示，平面内的所有水平线都彼此平行，且平行于平面的水平迹线；平面内的所有正平线都彼此平行，且平行于平面的正面迹线；同理，平面内的所有侧平线都彼此平行，且平行于平面的侧面迹线。

图 2-42　平面内投影面的平行线

【例2-12】 已知 $\triangle ABC$ 的两面投影，如图2-43(a)所示，试在 $\triangle ABC$ 内作一条距 H 面为 15 mm 的水平线。

【分析】 水平线的正面投影平行于 OX 轴，它到 OX 轴的距离即水平线到 H 面的距离，那么作出距离 OX 轴为 15 mm 的一条平行线，再作出该直线的 H 面投影。

【作图】 如图2-43(b)所示：

(1)在 $\triangle ABC$ 的正面投影上作一距离 OX 轴为 15 mm 的平行线，分别与 $a'b'$、$a'c'$ 相交于 m'、n'，$m'n'$ 即所求 MN 的正面投影。

(2)求直线的水平投影：过 m'、n' 向下作 OX 轴的垂线，分别与 ab、ac 相交于 m、n，连接 mn 为 MN 的水平投影。

直线 MN 通过△ABC 平面内的两点 M、N，其正面投影 $m'n' /\!/ OX$ 轴，且距离 OX 轴 15 mm，故直线 MN 为△ABC 内距离 H 面 15 mm 的水平线。

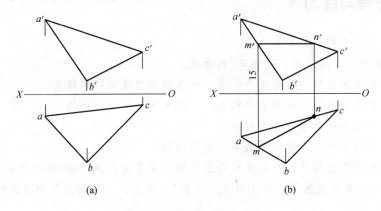

图 2-43　作平面内的水平线

(a)△ABC 的两面投影；(b)△ABC 内作一条距 H 面为 15 的水平线

项目小结

　　本项目主要介绍了投影的基础知识，包括投影的形成与分类，三面投影图的投影规律，点、线、面的投影规律等内容。

　　(1)产生投影必须具备三个条件：光源线；投影面；形体。

　　(2)投影法分为中心投影法和平行投影法两类。

　　(3)正投影具有积聚性、平行性、定比性、全等性等投影特性。

　　(4)只要给出点的两面投影，就可以求出它的第三面投影。

　　(5)投影面垂直线在其所垂直的投影面上的投影，积聚为一点，其他两面投影垂直于相应的投影轴，并反映直线的实长。投影面平行线在其平行的投影面内的投影是倾斜的，反映实长，该斜线与投影轴的夹角，反映投影面平行线对相应投影面的倾角；其余两个投影面的投影，平行于相应的投影轴。一般位置直线对各投影面都倾斜，在各投影面内的投影都倾斜于投影轴，对相应投影面的倾角在投影面中都不反映实际大小。

　　(6)投影面平行面在其平行的投影面内的投影，反映该平面图形的实形；在其他两投影面内的投影积聚为一直线，且平行于相应的投影轴。投影面垂直面在其垂直的投影面内的投影积聚为一条斜直线，斜直线与相应投影轴的夹角反映了该平面对投影面的倾角；投影面垂直面在另两个投影面内的投影反映平面的类似形，且均比原平面实形小。一般位置平面倾斜于投影面，所以三面投影都不反映实形，也没有积聚投影，而是反映原平面图形的类似形。

　　(7)空间两直线可能有三种不同的相对位置，即相交、平行和交叉。

　　(8)点在平面，一定过平面的一条线；线在平面，一定过平面上的两个点。

📁 **思考与练习**

1. 什么是正投影和斜投影？

2. 简述"长对正、高平齐、宽相等"的含义。

3. 简述投影面垂直线、投影面平行线、一般位置直线的投影特性。

4. 简述投影面垂直面、投影面平行面、一般位置面的投影特性。

5. 直线在平面内的几何条件是什么？

6. 你知道三视图的三等规律是谁率先提出的吗？

7. 赵学田教授曾经将平面投影规律总结成通俗易懂的歌诀，如"平行投影原形现，斜着投影面改变；平面垂直投影面，图上只见一条线"，你是怎么理解这几句话的？

项目三　工程立体的投影

任务一　平面立体的投影

　　平面立体的表面由若干平面围成，立体的每个表面都是平面多边形，称为棱面。棱面的交线称为棱线，棱线的交点称为顶点。由于它们所处位置不同，还可以有其他名称，如顶面、底面、侧面、端面和底边、侧棱等。平面立体的投影实际上可归结为棱面、棱线和顶点的投影。作平面立体表面上的点和线的投影时，应遵循点、线、面、体之间的从属性关系。

　　常见的平面立体如棱柱、棱锥、棱台。

一、棱柱的投影及应用

　　棱柱是指上、下底面互相平行，其余每相邻侧面交线互相平行的平面立体，常见的棱柱有正六棱柱、正四棱柱、正三棱柱等。

1. 棱柱的投影

　　以正四棱柱为例说明棱柱的投影规律及其投影图的作法。

　　(1)形体分析。正四棱柱由左右面、前后面、上下面六个平面构成，上、下表面即顶面和底面是方形且互相平行，四个矩形侧面互相全等且与底面垂直。正四棱柱的四条棱线与底面垂直，长度相等且等于棱柱高。

　　(2)选择摆放位置。为了更好地表达正四棱柱的表面形状，应正确选择正四棱柱的摆放位置，如图 3-1(a)所示。将底面放置成水平面，左、右侧面为侧平面，前、后面的为正平面。

　　(3)投影分析。水平投影：正四棱柱的水平投影为正方形，因为正四棱柱顶、底面是水平面，其投影在 H 面显示为实形；它既是顶、底面的重叠投影，又是四个棱面的积聚投影，正方形的四个顶点还是四条棱线的积聚投影。

正面投影：正四棱柱的正面投影为竖放的矩形，因为正四棱柱前、后面是正平面，其投影在 V 面显示为实形；矩形上、下两条边是正四棱柱的上、下两底面的积聚投影，左、右两条边是左、右棱面的积聚投影。

侧面投影：正四棱柱的侧面投影是竖放的矩形，因为左、右面是侧平面，其投影在 W 面显示为实形；矩形上、下两条边是正四棱柱的上、下两底面的积聚投影，左、右两条边是后、前棱面的积聚投影。

(4)作图步骤。正四棱柱的三面投影图的作图步骤如图 3-1(b)所示。

1)根据视图分析先绘制正四棱柱的 H 面投影，即边长为正四棱柱上、下底面边长的正方形。

2)根据投影规律中的"长对正"绘制正四棱柱的 V 面投影，即底边长为正四棱柱上、下底面边长、高度为正四棱柱棱线长度的矩形。

3)根据投影规律"宽相等、高平齐"绘制正四棱柱的 W 面投影，即底边长为正四棱柱上、下底面边长、高度为正四棱柱棱线长度的矩形。

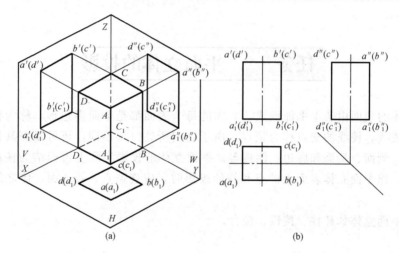

图 3-1 正四棱柱的投影图

(a)直观图；(b)投影图

2.棱柱投影的应用

在棱柱体的表面取点和线，可以利用积聚性作图。如图 3-2 所示，在正六棱柱左前表面上有一点 M，其 V 面投影为 m'，已知 M 点所在棱面的 H 面投影有积聚性，故可利用积聚性先求出 m，然后根据点的投影规律求出 m''。

二、棱锥的投影及应用

棱锥是指底面是多边形，各个棱面都是有一个公共顶点的三角形的平面体。常见的棱锥有三棱锥、四棱锥等。

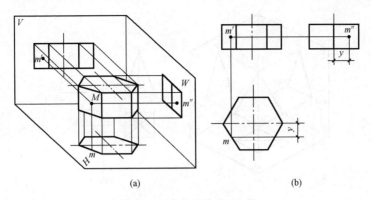

(a)   (b)

图 3-2　正六棱柱表面上的点

(a)直观图；(b)投影图

1. 棱锥的投影

以正四棱锥为例说明棱锥的投影规律及其投影图的作法。

(1)形体分析。正四棱锥底面是正方形，四个棱面为四个全等的等腰三角形，共由五个平面构成。

(2)选择摆放位置。为了更好地表达正四棱锥的表面形状，应正确选择正四棱锥的摆放位置，如图 3-3(a)所示，将底面放置成水平面，左、右棱面为正垂面，前、后棱面为侧垂面。

(3)投影分析。水平投影：水平投影是正方形。因为底面是水平面，其投影在 H 面显示为实形；锥形的顶点在正方形的正中，四个棱面的投影具有类似性并将正方形分割为四个全等的三角形。

正四棱锥的正面投影：等腰三角形，底边是正四棱锥底面的积聚投影，左右两条边既是左、右锥面(正垂面)的积聚投影，也是前、后锥面(侧垂面)，在 V 面显示为类似性，即等腰三角形。

侧面投影：正四棱锥的侧面投影是等腰三角形，底边是正四棱锥底面的积聚投影，左右两条边即是后、前锥面(侧垂面)的积聚投影，也是左、右锥面(正垂面)，在 W 面显示为类似性，即等腰三角形。

(4)作图步骤。正四棱锥的三面投影图的作图步骤如图 3-3(b)所示。

1)根据视图分析先绘制正四棱锥的 H 面投影，即边长为正四棱锥底面边长的正方形；

2)由投影规律中的"长对正"，绘制正四棱锥的 V 面投影，即底边长为正四棱锥底面边长、高度为正四棱锥高度的等腰三角形；

3)根据投影规律"宽相等、高平齐"，绘出正四棱锥的 W 面投影，即底边长为正四棱锥底面边长、高度为正四棱锥高度的等腰三角形。

2. 棱锥投影的应用

在棱锥表面上取点，首先要分析点所在表面的空间位置。特殊位置表面上的点可利用积聚性法作图。一般位置表面点的作图可利用辅助线法。如果点在棱线上，则利用点的从属性作图。

图 3-4 中，M 点是棱面△SAC 上的点，不在其棱边上，故在该表面上过 M 点作辅助线 SD，作出 SD 的各投影，即再作出 M 点的各投影。

图 3-3　正四棱锥的投影图

(a)直观图；(b)投影图

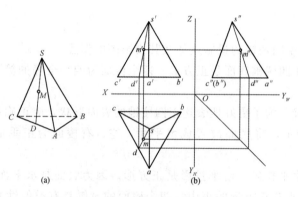

图 3-4　正三棱锥表面上的点

(a)直观图；(b)投影图

三、棱台的投影

　　棱台是指将棱锥体用平行于底面的平面切割后去掉上部，余下的部分。常见的棱台有三棱台、四棱台等。

　　以四棱台为例说明棱台的投影规律及其投影图的作法。

　　将四棱台置于三面投影体系中，如图 3-5(a)所示。其投影图如图 3-5(b)所示。

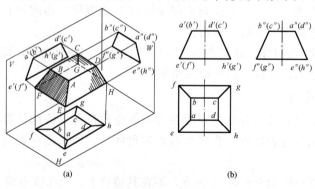

图 3-5　棱台的投影

(a)直观图；(b)投影图

【例 3-1】 如图 3-6 所示，完成三棱柱表面的直线 AB、BC 的三面投影。

图 3-6　求三棱柱表面上的直线

【分析】 首先观察图 3-1 中 AB、BC 直线两个端点在其他两个投影面的投影位置。点 A 在左前棱面上，点 B 在前棱上，点 C 在右前棱面上，它们在 V 面投影中均可见。在 H 面投影中前左棱面积聚成一直线，过 a' 直接向 H 面投影引投影连线与前左棱面的积聚投影相交就可得到点 a。同理，也可得到点 c。前棱线在 H 面上积聚成一点，点 b 也就在这个点上。在得到 H 投影面上的点 a、b、c 后，就可以通过以下两种方法求得 a''、b'' 和 c''。

【作图】

作法一 通过 $45°$ 辅助线，由 A、C 在 H、V 两个投影面上的有关投影分别向 W 面投影面引投影线，相交得到点 a''、c''，点 b'' 则由 b' 向 W 面直接引投影连线与前棱 W 面投影相交得到，如图 3-7(a) 所示。

作法二 量取点 a、c 距棱锥后棱面的宽度距离 y_1 和 y_2，直接在由 V 面投影引出的投影连线上按宽相等和前后对应量取得到点 a''、c''。点 B 在 W 面上的投影仍由上述方法得到，如图 3-7(b) 所示。

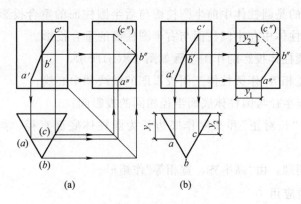

图 3-7　作三棱柱表面上的直线
(a)作法一；(b)作法二

得到 A、B、C 的三面投影后，就可得到相应直线的三面投影。如何来判断这些直线的可见性呢？只要一条直线有一个端点在投影面上处于不可见位置，那么这条直线在相应投影面上的投影就不可见。在作图时将其画为虚线。点 C 在 W 投影面上的投影不可见，所以，BC 在 W 面上的投影不可见，就把线段 $b''c''$ 画为虚线。

任务二 　曲面立体的投影

由曲面围成的立体或由曲面和平面围成的立体称为曲面立体。常见的曲面立体有圆柱体、圆锥体和球体。它们都是由母线(或称素线)绕轴线旋转一周所形成的。

一、圆柱体的投影及应用

圆柱体由素线绕轴线形成的柱面和上、下底面构成。

1. 圆柱体的投影

(1)形体分析。圆柱体由圆柱面和两个圆形的底面所围成。

(2)选择摆放位置。为了更好地表达圆柱体的表面形状,应正确选择圆柱体的摆放位置,如图 3-8(a)所示,使其轴线垂直于水平面,则两底面为水平面且互相平行,圆柱面为铅垂面。

(3)投影分析。水平面投影:圆柱体的水平投影是半径为圆柱体底面半径的圆形,它既是两底面的重合投影(实形),又是圆柱面的积聚投影。

正面投影:圆柱体的正面投影是矩形,其上下两边线长为圆柱体底面直径,为上下两底面的积聚投影;左右两边线高度为圆柱体的高度,是圆柱面的左右两条轮廓素线。

侧面投影:圆柱体的侧面投影是矩形,其上下两边线为上下两底面的积聚投影,而左右两边线则是圆柱面的后前两条轮廓素线。该矩形与 V 面投影全等,但含义不同。V 面投影中的矩形线框表示的是圆柱体中前半圆柱面与后半圆柱面的重合投影,而 W 面投影中的矩形线框表示的是圆柱体中左半圆柱面与右半圆柱面的重合投影。

(4)作图步骤。圆柱体投影的作图步骤如图 3-8(b)所示。

1)按"长对正、宽相等"作圆柱体三面投影图的轴线和中心线;

2)在 H 面中,作半径与圆柱体底面半径相同的投影圆;

3)在 V 面中,由"长对正"和高度作底边长为圆柱体底面直径、高度为圆柱体高度的矩形;

4)在 W 面中,同理,由"高平齐,宽相等"作矩形。

2. 圆柱体投影的应用

在圆柱体表面上取点,可利用圆柱表面的积聚性投影来作图。如图 3-9(a)所示,在圆柱体左前方表面上有一点 M,其侧面 m'' 在水平中心线上的半个圆周上。水平投影 m 在矩形的下半边,并且可见。正面投影 m' 也在矩形的上半边,仍为可见。

如果已知点 M 的正面投影 m' 如图 3-9(b)所示,求其他两投影时,可利用圆柱的积聚投影,先过 m' 作 OZ 轴的垂线,与侧面投影上半个圆周交于 m'',即点 M 的侧面投影,再利用已知点的两面投影求出点 M 的水平投影 m。

图 3-8 圆柱体的投影图

(a)直观图；(b)投影图

图 3-9 圆柱表面取点

动画：圆柱体
表面上的点和线

二、圆锥体的投影及应用

圆锥体是由圆锥面和底面所围成的。

1. 圆锥体的投影

(1)形体分析。圆锥体由圆锥面和底面围成。

(2)选择摆放位置。为了更好地表达圆锥体的表面形状，应正确选择圆锥体的摆放位置，如图 3-10(a)所示，一直立的圆锥，轴线放置与 H 面垂直，底面为水平面。

(3)投影分析。由于圆锥面同圆柱面一样，都是由母线绕轴线旋转而成的回转曲面，且本例中圆锥体的轴线也垂直于水平面，故它们的投影也有许多共同之处。

1)因为圆锥的底面平行于水平面，所以水平投影为圆形且反映底面实形；

2)圆锥面的 V、W 面投影也是两个相同的等腰三角形；

3)与圆柱一样，圆锥的 V、W 面投影也代表了圆锥面上不同的部位，V 面投影是前半部投影与后半部投影的重合，而 W 面投影是圆锥左半部投影与右半部投影的重合。

(4)作图步骤。圆锥体投影图的作图步骤如图 3-10(b)所示。

1)画锥体三面投影的轴线和中心线；

2)以圆锥体底面半径为半径画圆即圆锥的 H 面投影；

3)由"长对正"作底边长为圆锥体底面直径、高度为圆锥体高度的等腰三角形即圆锥的 V 面投影；

4)由"宽相等，高平齐"作 W 面投影等腰三角形。

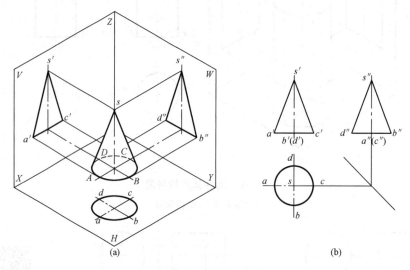

图 3-10　圆锥体的投影图

(a)直观图；(b)投影图

2. 圆锥体投影的应用

根据圆锥面的形成规律，在圆锥表面上取点有辅助直线法和辅助圆法两种。

(1)辅助直线法。图 3-11 中，已知圆锥表面上 M 点的正面投影 m'，求 M 点的水平投影 m。作图步骤：在圆锥表面上过 M 点和锥顶 S 作辅助直线 SA：先作 $s'a'$，然后求出 sa，再由 m' 作 m，即为所求。

图 3-11　用辅助直线法在圆锥表面上取点

动画：圆锥体
表面上的点

动画：圆锥体
表面上的线

(2)辅助圆法。辅助圆法就是在圆锥表面上作垂直圆锥轴线的圆，使此圆的一个投影反映圆的实形，而其他投影为直线。如图 3-12 所示，已知圆锥表面上 M 点的正面投影 m'，求 M 点的水平投影 m。作图步骤：先过 m' 点作水平直线，然后作圆的水平投影，最后由 m' 作出 m，即为所求。

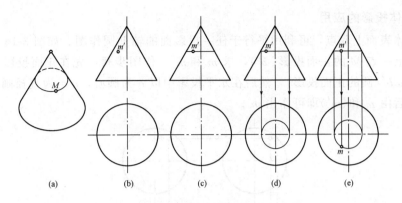

图 3-12　用辅助圆法在圆锥表面上取点

三、圆球体的投影及应用

圆球体是半圆弧线围绕轴线旋转而成的。

1. 圆球体的投影

(1)形体分析。圆球体由圆球面围成。

(2)选择摆放位置。由于圆球面的特殊性，圆球体的摆放位置在作图时几乎无须考虑。但一旦摆放位置确定，其有关的轮廓素线是和位置相对应的，这一点需要注意。

(3)投影分析。圆球体的三面投影均为与球的直径大小相等的圆，故又称为"三圆为球"。V、H 和 W 面投影的三个圆分别是圆球体的前、上、左三个半球面的投影，后、下、右三个半球面的投影分别与之重合；三个圆周代表了圆球体上分别平行于正面、水平面和侧面的三条素线圆的投影。由图 3-13(a)还可以看出，圆球面上直径最大的平行于水平面和侧面的圆 A 与圆 C，其正面投影分别积聚在过球心的水平与铅垂中心线上。

(4)作图步骤。

1)画圆球面三投影圆的中心线；

2)以球的半径为半径画三个同等大小的圆，结果如图 3-13(b)所示。

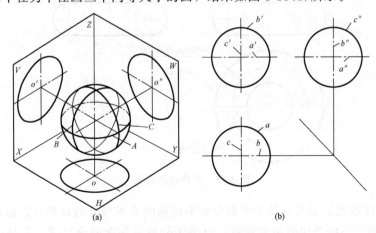

图 3-13　圆球体的投影图

(a)直观图；(b)投影图

2. 圆球体投影的应用

在圆球体表面上取点，可利用平行于任一投影面的辅助圆作图。如图 3-14 所示，已知圆球体表面上一点 M 的正面投影(m')，求 m 和 m''。作图步骤：先在正面投影中，过(m')作水平直线 $a'b'$（圆的正面投影），然后在水平投影中以 o 为圆心，$a'b'$ 为直径画圆，在此圆上作 m，最后由 m 和(m')即可作出 m''。

图 3-14　在圆球体表面上取点

四、圆环体的投影及应用

1. 圆环体的投影

如图 3-15 所示，当圆环体的轴线垂直于 H 面时，其 H 面投影是两个同心圆，分别是环面的赤道圆和喉圆，也是母线上离轴最远点和最近点旋转一周的轨迹的 H 面投影，圆心则为轴线的积聚投影。其中，点画线圆为母线圆心运动轨迹的 H 面投影；其 V 面和 W 面投影，都是由两个圆和与它们上下相切的两段水平轮廓线组成。V 面投影的两个圆分别是环面最左素线圆和最右素线圆的 V 面投影；W 面投影的两个圆分别是环面最前素线圆和最后素线圆的 W面投影；两个圆的上下两水平公切线是母线上最高点和最低点运动轨迹的投影。

图 3-15　圆环体的投影

圆环体的 H 面投影是可见的上半部分和不可见的下半部分的投影；V 面投影左右两素线圆都有半个圆被环面挡住而画成虚线，也是区分前后环面的分界线，外环面的前半部分可见；W 面投影前后两素线圆都有半个圆被环面挡住而画成虚线，也是区分左右环面的分界线，外环面的左半部分可见，内环面的 V、W 面投影均不可见。

2. 圆环体投影的应用

圆环体表面取点可用纬圆法，即垂直于环轴线作截平面。截平面与环面的交线为两个纬圆：一个是与外环面交得的圆，另一个是与内环面交得的圆。通过判断点的位置确定点在纬圆上的投影。如图 3-16(a)所示，已知环面上点 M 的 V 面投影 m'，求其他两投影。作图步骤如下[图 3-16(b)]：

图 3-16　圆环体表面取点

(a)已知条件；(b)作图过程

(1)过 m' 作平行于 H 面的纬圆的 V 面投影——直线 l'。

(2)作出该纬圆的 H 投影——圆 l。

(3)根据点的投影规律，由 m' 求出 m、m''。

因为 M 点在外环面的前方左上部，所以 m、m'' 均可见。

【例 3-2】　如图 3-17 所示，已知圆柱表面上的曲线 mn 的正面投影 $m'n'$，求其水平投影和侧面投影。

图 3-17　求圆柱表面上曲线

【分析】　分析图 3-18 可知，mn 在前半个圆柱面上。因为 mn 为一曲线，故应求出 mn 上若干个点，其中转向线上的点——特殊点必须求出。

【作图】　(1)作特殊点 I、N 和端点 M 的水平投影 1、n、m 及侧面投影 $1''$、n''、m''，如图 3-18(a)所示。

(2)作一般点 II 的水平投影 2 和侧面投影 $2''$，如图 3-18(b)所示。

判别可见性：侧视外形素线上的点 $1''$ 是侧面投影可见与不可见的分界点，其中 $m''1''$ 可见，$1''2''n''$ 不可见。按可见性将侧面投影连成光滑的曲线 $m''1''2''n''$。

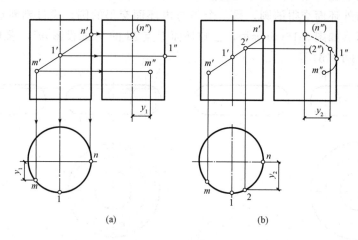

图 3-18　圆柱表面曲线

任务三　立体的截断与相贯

在工程形体的表面上，经常会出现一些交线。它们有些是被平面截切而产生，即截交线；有些是由两个形体相交而产生的，即相贯线。

一、立体的截断

1. 平面立体截断

立体被平面切割即称为立体的截断。

当基本平面体被截平面完全截断，则所得的截交线必为一闭合的平面折线。此平面折线是由若干个转折点连接的若干段直线段组成，每个转折点均为截平面与平面体棱边的交点，每段直线段均为截平面与平面体棱面的交线。如图 3-19(a) 所示，三棱锥被平面 P 切割，平面 P 称为截平面，截平面与三棱锥体表面的交线 AB、BC、CA 称为截交线，截交线所围成的平面图形 $\triangle ABC$ 称为截断面，其中截交线是闭合的，每个转折点均为截平面与三棱锥棱边的交点。

动画：截切与
相贯的概念

当基本平面体被某个截平面部分截断，则所得的截交线必为一不闭合的平面折线。此平面折线是由若干个转折点连接的若干段直线段组成的，其中的转折点一部分为截平面与平面体棱边的交点，另一部分则不是平面体棱边上的点，而是平面体某个棱面内部点，同时，也是截平面终止部位处。每段直线段均为截平面与平面体棱面的交线。如图 3-19(b) 所示，三棱锥被两个截平面所截，每个截平面都没有完全截断，因此，每个截平面产生的截交线均不闭合，分别是 $BA-AC$ 段和 $BD-DC$ 段。其中，转折点 A、D 点为截平面与三棱锥棱边的交点，而转折点 B、C 则是三棱锥两个棱面内部点，不在棱边上。

图 3-19　立体的截断

(a)平面体闭合截交线；(b)平面体不闭合截交线

求平面立体截交线的方法有交点法和交线法两种。

(1)交点法。先求出截交线上所有转折点，然后将同一平面内两点连线，最后首尾相接所形成的折线截交线。求转折点时，对于平面体棱边上的点，可利用线面求交点的方法求得；对于不是棱边上的点，要利用在平面内作点的方法求得（通常需作辅助线）。

(2)交线法。直接利用截平面与平面体棱面求交线的方法求出截交线上的每段直线段。求截交线的投影时还要判断可见性，即判断截交线所在的棱面在该投影面上的投影的可见性，棱面投影可见，则截交线可见；否则，则截交线不可见。

2. 曲面立体截断

当曲面体被一个截平面截断，所产生的截交线是一条平面曲线或平面折线。与平面体上截交线相同，若一截平面将曲面体完全截断，则截交线是闭合的；若没有完全截断，则截交线不闭合。

曲面体上的截交线若为平面曲线时，可采用描点法求得。即先求出曲线上的一些点，包括一般点和特殊点，其中，特殊点包括确定曲线轮廓的点（如最左点、最右点、最高点、最低点、最前点、最后点）、截交线上位于曲面体轮廓线上的点和截交线每面投影可见与不可见的分界点三类。在求每类点时，可以采用曲面体上求点的方法来求，如素线法、纬圆法等。

(1)圆柱体截断。圆柱体被截平面切割，截交线有三种情况，见表 3-1。

表 3-1　圆柱上的截交线

截平面位置	立体图	投影图	截交线
倾斜于圆柱体轴线			椭圆

截平面位置	立体图	投影图	截交线
垂直于圆柱体轴线			圆
平行于圆柱体轴线			矩形

（2）圆锥体截断。圆锥体被平面切割，截交线与五种情况，见表 3-2。

表 3-2　圆锥上的截交线

截平面位置	立体图	投影图	截交线
垂直于圆锥体轴线			圆
与锥面上所有素线相交			椭圆

截平面位置	立体图	投影图	截交线
平行于锥面上一条素线			抛物线
平行于锥面上两条素线			双曲线
通过圆锥锥顶			等腰三角形

（3）圆球体的截断。圆球体被平面切割，无论截平面的位置如何，截交线的空间形状总是圆。当截平面平行于投影面时，圆截交线在该投影面上的投影，反映圆的实形；当截平面倾斜于投影面时，它的投影为椭圆；当截平面垂直于投影面时，它的投影积聚为直线段，长度等于圆截交线的直径。

二、立体的相贯

两相交立体称为相贯体，相贯体表面的交线称为相贯线。当一个立体全部贯穿于另一个立体时，称为全贯，全贯的立体产生两组相贯线，如图 3-20 所示；当两个立体相互贯穿时，称为互贯，互贯的主体产生一组相贯线，如图 3-21 所示。

相贯线是两个立体表面的交线，是两个立体的共有线，因此，求相贯线，实质上是求两个立体表面上面与面的交线。

图 3-20　两平面立体相贯——全贯

图 3-21　两平面立体相贯——互贯

1. 两平面立体相贯

两平面立体相贯，相贯线为两段或一段闭合或不闭合的空间折线，折线中的每段线段均为相贯的两个形体的表面交线，折线上的每个转折点，均为一个平面体的棱线与另一个平面体的棱面的交点。

求平面体相贯线的方法有交点法和交线法两种。

(1)交点法。首先求出相贯线上的转折点(即每个平面体上参加相贯的棱线与另一个平面体上参加相贯的棱面的交点)，然后将各点中同时位于两立体同一表面上的两点顺次相连，即为所求相贯线。

(2)交线法。依次求出参加相贯的两个立体相交棱面的交线，各交线自然围成图形即为所求相贯线。

因此，求两平面体的相贯线实际上就是求直线与平面的交点和求平面与平面的交线的问题。

2. 平面立体与曲面立体相贯

平面体与曲面体相贯，相贯线是平面体表面和曲面体表面的共有线，因此，相贯线应是由平面曲线组合而成的封闭曲线线框，如图 3-22 所示的柱头，封闭曲线的转折点是平面体侧棱和曲面体表面的交点。

作平面体与曲线体的相贯线的步骤如下：

(1)作出转折点。平面体与立面体相贯时，转折点即侧棱和曲面体表面的交点。

(2)作出连线。作平面体表面与曲面体表面的交线。

图 3-22　柱头

3. 两曲面立体相贯

两曲面立体相贯，相贯线一般情况下为闭合或不闭合的空间曲线，特殊情况下也可能为直线或平面曲线，具体情形见表 3-3。

表 3-3　两曲面立体相贯的特殊状态

相贯线形状	相贯状态	示意图	说明
直线	两圆柱轴线平行		当两圆柱轴线平行时,相贯线是平行直线
	两圆锥共有一个顶点		当两圆锥共有一个顶点时,相贯线为过锥顶的两直线
圆	两回转体共轴线		当两回转体共轴线时,其相贯线是垂直于回转体轴线的圆
圆与直线	轴线垂直于某投影面		当轴线垂直于某投影面时,相贯线在该投影面上的投影为圆,且反映实形,另外两个投影面上的投影,积聚为垂直于轴线的直线段

相贯线形状	相贯状态	示意图	说明
椭圆与直线	两圆柱面的轴线相交		两直径相等的正交圆柱，其轴线相交成直角，此时，它们的相贯线是两个相同的椭圆，在与两轴线平行的正立投影面上，相贯线的投影为相交且等长的直线线段，其水平投影与直立圆柱的投影重合
椭圆与直线	圆柱与圆锥面共同外切于一个球面		轴线正交的圆锥和圆柱相贯，它们的相贯线是两个大小相等的椭圆，其正面投影同样积聚为直线

【例 3-3】　如图 3-23 所示，求三棱柱与圆锥的相贯线。

图 3-23　求三棱柱与圆锥的相贯线

【分析】　如图 3-24 所示，三棱柱垂直于 V 面，三棱柱棱线 CC_1 和棱面 BB_1C_1C、AA_1C_1C 分别与圆锥相交，其中棱面 BB_1C_1C 倾斜于圆锥的轴线，棱面 AA_1C_1C 垂直于圆锥的轴线，其相贯线 V 面上的投影，积聚在棱面 BB_1C_1C 及 AA_1C_1C 的 V 面投影上，相贯线为部分椭圆、部分圆所组成的空间封闭折曲线。相贯线的 H 面投影可根据其 V 面投影而求得。

【作图】

(1)求贯穿点。Ⅰ、Ⅱ点是棱线 CC_1 与圆锥的贯穿点，由于棱线 CC_1 为正垂线，故点Ⅰ、Ⅱ与棱线 CC_1 的 V 面投影重合。过 V 面重影点作辅助素线 SM、SN 的 V 面投影 $s'm'$、$s'(n')$，由此求出点Ⅰ、Ⅱ的 H 面投影1、2。

(2)由于棱面 AA_1C_1C 为水平面，与圆锥的截交线为部分水平圆；根据截交线的 V 面投影直接求得截交线水平圆的 H 面投影。

(3)棱面 BB_1C_1C 为正垂面，与圆锥面的截交线（部分椭圆）的 V 面投影积聚为直线，根据 V 投影用辅助平面法求出截交线的 H 面投影。

(4)判别相贯线的可见性，整理轮廓线，如图 3-24 所示。

图 3-24　作三棱柱与
圆锥的相贯线

任务四　组合体的投影

一、组合体的构成方式

组合体的构成方式有叠加式、切割式及混合式等。

1. 叠加式

将组合体看成由若干基本几何体叠加而成的方法称为叠加法，图 3-25 所示的组合体是由两个长方体叠加而成的。各基本体叠加时，其表面结合有平齐（共面）、相切和相交三种组合方式，在画投影图时，应正确处理两结合表面的投影，如图 3-26 所示。

图 3-25　叠加式组合体

(1)平齐（共面）是指两基本形体的表面位于同一平面上，两表面间不画线。

(2)相切分为平面与曲面相切和曲面与曲面相切，无论哪一种，都是两表面的光滑过渡，不应画线。

(3)相交是指面与面相交时，在相交处表面必然形成交线，应画交线的投影。

2. 切割式

将组合体看成由基本几何体被一些面切割后而成的方法称为切割法。在基本几何体的表面会形成截交线，用画截交线的方法作出截交线的投影。图 3-27 所示的组合体是由大四棱柱体经过切割掉一个小四棱柱体而形成的。

图 3-26　组合体两结合表面的结合处理

图 3-27　切割式组合体

微课：组合体组合
方式与表面连接

3. 混合式

将组合体看成部分由若干基本体叠加而成，部分由基本体被一些面切割后而成的方法称为混合式，如图 3-28 所示。

图 3-28　混合式组合体

（a)立体图；（b)组合过程

二、组合体投影图的绘制

组合体投影图的绘制，要按一定步骤进行：首先必须对组合体进行形体分析，了解组合体的组合方式，各基本形体之间的相对位置，逐步作出组合体的投影图。

以图 3-29 所示的板肋式基础为例，说明组合体投影图的画法。

1. 形体分析

板肋式基础可用组合法先将形体分解为四部分，如图 3-30 所示的四棱柱底板、四棱柱、梯形块和楔形块，再分析其中各物块的组成。

图 3-29　板肋基础　　　　图 3-30　板肋基础形体分析

微课：组合体投影
的绘制方法

2. 选择摆放位置

为了更好地表达组合体的表面形状，应正确选择组合体的放置位置。一般应选择有利于在各投影图中反映出组合体各表面的实形，便于标注尺寸，并使其正面投影能反映出形体主要形状特征的放置位置。组合体摆放位置的确定应以尽量减少虚线的原则，将形体平放，使水平投影面平行于底板底面，正投影面平行于形体的正面。

3. 确定投影数量

投影数量的确定原则是用最少数量的投影把形体表达完整、清楚。所谓"完整"是指组成该形体的各基本几何体都能在投影中得到表达；所谓"清楚"是指组成该形体的各几何体的形状及其相对位置都能得到充分表达。

基础形体由于前后肋板的侧面形状要在侧面投影中反映，因此，需要画出正立面、水平面和侧面三个投影图。

4. 作图

组合体投影图的画图步骤如图 3-31 所示。

(1)根据形体大小和注写尺寸所占的位置，选择适宜的图幅和比例。

(2)布置投影图。先根据图纸幅画大致安排三个投影的位置，使每个投影在注写完尺寸后，组合体投影图能大致居中。

(3)画投影图底稿。按形体分析的结果，顺次画出四棱柱底板、中间四棱柱，4 块梯形块和楔形杯口的三面投影。画每一基本形体时，应先画其最具有特征的投影，然后画其他投影。在正面和侧面投影中杯口是看不见的，应画成虚线。

(4)检查、加深图线。经检查无误后，按各类线宽要求，用较软的 B 或 2B 铅笔对图线进行加深。

(5)标注尺寸。先画出全部尺寸界线，然后认真写好尺寸数字。

图 3-31 板肋式基础画图步骤

(a)布图、画底板；(b)画中间四棱柱；(c)画四块梯形肋板；

(d)画矩形杯口、擦去多余的线、标注尺寸、完成全图

动画：叠加型组合体
的画法

三、组合体的尺寸标注

1. 基本体的尺寸标注

尺寸是反映组合体大小的重要信息，要准确、清晰、完整、合理的标注组合体的尺寸，首先要熟悉基本体的尺寸标注。基本体的尺寸标注如图 3-32 和图 3-33 所示。

图 3-32 平面基本体的尺寸标注

图 3-33　曲面基本体的尺寸标注

2. 组合体的尺寸标注

组合体的尺寸包括定形尺寸、定位尺寸和总尺寸。组合体中确定各个基本体形状和大小的尺寸称为定形尺寸。确定各基本体相对位置的尺寸称为定位尺寸。标注定位尺寸的起始点称为尺寸基准，在组合体的长、宽、高三个方向上标注的尺寸都要有基准，通常把组合体的底面、侧面、对称线、中心线、轴线等作为相应的尺寸基准。确定整个组合体外形的总长、总宽、总高尺寸则称为总尺寸。组合体的尺寸是组合体视图的重要组成部分。其尺寸标注应遵循以下原则：

微课：组合体
尺寸标注

（1）尺寸标注明显。尺寸尽可能标注在能反映形体形状特征的那面视图上。

（2）尺寸标注集中。同一基本体的定形、定位尺寸尽量集中标注；与两面视图相关的尺寸，尽量标注在两面视图之间，以便对照。

（3）尺寸标注整齐。尺寸排列一般大尺寸在外、小尺寸在内。各尺寸线之间的间隔尽量保持均匀，一般在 $7\sim10$ mm 。

（4）尺寸标注清晰。尺寸一般标注在图形轮廓线之外，尽量不在虚线上标注尺寸。

（5）尺寸标注完整。尺寸不能有遗漏，但也尽量避免重复。

（6）要标注组合体三个方向的总尺寸。

【例 3-4】　绘制如图 3-34 水槽的三视图，并标注尺寸。

【分析】

形体分析：水槽由上部槽体和下部两块支撑板组成，先绘制槽体的三视图，再绘制支撑板三视图；最后根据两部分的相对位置关系绘制出整个水槽的三视图如图 3-35 所示。

尺寸分析：水槽单位按 mm 计。槽体的定形尺寸有：$620\times450\times250$，圆孔直径 70，壁厚 25，底厚 40；支撑板的定形尺寸：$400\times550\times50$，板中心挖孔尺寸上下 60、左右 50。定位尺寸：槽体和支撑板上下紧贴；后表面平齐；左右对称，其左右定位尺寸有 530 等。总尺寸：总长 620；总宽 450；总高 $550+250=800$。结合尺寸标注原则，水槽尺寸标注如图 3-35 所示。

图 3-34　水槽实物图

图 3-35　水槽三视图及尺寸标注

四、组合体投影图的识读

读图是由视图想象出形体空间形状的过程，是画图的逆过程。读图是增强空间想象力的一个重要环节，必须掌握读图的方法并多实践才能达到提高读图能力的目的。

微课：组合体
读图要点

1. 读图的基本要求

(1)掌握形体三视图的基本关系，即"长对正、高平齐、宽相等"三等关系。

(2)掌握各种位置直线、平面的投影特性(实形性、积聚性、类似性)。

(3)联系形体各个视图来读图。形体表达在视图上，需两个或三个视图。读图时，应将各个视图联系起来，只有这样才能完整、准确地想象出空间形体来。如图 3-36 所示，它们的主视图、左视图都相同，但俯视图不同，所以，其空间形体也各不同。

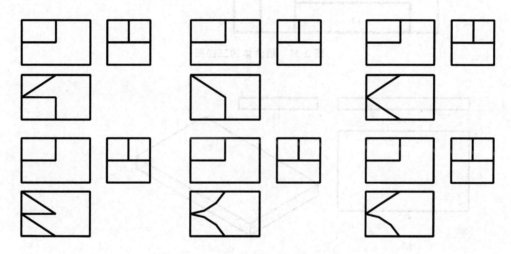

图 3-36　根据三视图判断形体的形状

2. 读图的方法

读图的方法一般可分为形体分析法和线面分析法。

(1)形体分析法。读图时，首先要对组合体作形体分析，了解它的组成，然后将视图上的组合体分解成一些基本体。根据各基本体的视图想象出它们的形状，再根据各基本体的相对位置，综合想象出组合体的形状。组合体分解成几个基本体并找出它们相应的各视图，是运用形体分析法读图的关键。应注意组成组合体的每一个基本体，其投影轮廓线都是一个封闭的线框，亦即视图上每一个封闭线框一定是组合体或组成组合体的基本体投影的轮廓线，对一个封闭的线框可根据"三等"关系找出它的各个视图来。此法多用于叠加式组合体。

如图 3-37 所示为组合体的三视图，根据图中主视图、左视图了解到该组合体由三部分组成，因此将其分解为三个基本体。

由组合体左视图中的矩形线框 1″，用"高平齐"找出其 V 面投影为矩形线框 1′，用"长对正、宽相等"找出 H 面投影为矩形线框 1，把它们从组合体中分离出来，为三个矩形线框，如图 3-38(a)所示，很容易想象出是四棱柱 Ⅰ，如图 3-38(b)所示。

图 3-37　组合体的三视图

(a)

(b)

(c)

(d)

(e)

(f)

图 3-38　组合体的形体分析

同理，由线框2″找出其线框2和2′，分离出形体的三视图，如图3-38(c)所示。由此想出的形状是三棱柱Ⅱ，如图3-38(d)所示。

由线框3找出3′和3″，分离出形体的三视图，如图3-38(e)所示，由此想出的形体是四棱柱Ⅲ，如图3-38(f)所示。

把上述分别想出的基本体按照图3-37所给定的相对位置组合成整体，就得视图所表示的空间形体的形状，如图3-39所示。

(2)线面分析法。根据形体中线、面的投影，分析它们的空间形状和位置，从而想象出它们所组成的形体的形状。此法多用于截割式组合体。

图 3-39　组合体的立体图

用线面分析法读图，关键是要分析出视图中每一条线段和每一个线框的空间意义。

1)线条的意义。视图中的每一线条的意义可以是下述三种情况之一：

①表示两面的交线，如图3-40(a)中所示的 L。

②表示平面的积聚投影，如图3-40(b)中所示的 R。

③表示曲面的转向轮廓线，如图3-40(c)中立面图上所示的 m'。

若三视图中无曲线，则空间形体无曲面，如图3-40(a)、(b)所示。

若三视图中有曲线，则空间形体有曲面，如图3-40(c)所示。

2)线框的意义。

①一般情况：一个线框表示形体上一个表面的投影，如图3-40(b)中所示的 Q、T 都表示一个平面。

②特殊情况：一个线框表示形体上两个棱面的重影，如图3-40(a)中所示的 p'' 就表示了形体的两个棱面 P 在 W 面上的投影。

③相邻两线框表示两个面。若两线框的分界线是线的投影，则表示该两面相交，如图3-40(a)中的分界线是两面的交线 L；若两线框的分界线是面的积聚投影，则表示两面有前后、高低、左右之分，如图3-40(b)中的分界线是平面 R 的积聚投影，平面 Q 和 T 就有前后、左右之分。

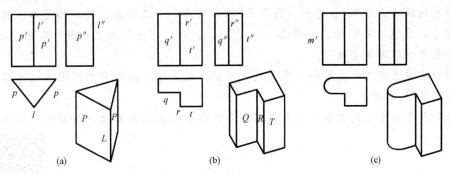

图 3-40　线条及线框的意义

3. 补图

已知组合体的两面投影，补画出第三面投影的方法称为补图。如果所补的组合体形体比较简单，可利用形体分析或线面分析的方法，再结合"长对正、高平齐、宽相等"的投影规律，直接补画出第三投影；如果所补的组合体形体较复杂，可利用形体分析或线面分析的方法，先想象出其空间立体图，再结合"长对正、高平齐、宽相等"的投影规律，补画出第三投影图。

【例 3-5】 由组合体的主、左视图补画其俯视图，如图 3-41(a)所示。

【解】 (1)读图。从左视图的外轮廓看，外形是一梯形体。它也可看作是一长方体被一侧垂面所截，在此基础上将形体中间再挖一个槽。以这样从"外"到"内"、从"大"到"小"、先"整体"后"局部"的顺序来读图。

(2)补图。根据"三等"关系，先补出外轮廓的俯视图，如图 3-41(b)所示；然后再补出槽的俯视图，如图 3-41(c)所示。经检查(用"三等"关系、形体分析、线面分析以及想象空间形体等来检查)无误后，最后加深图线完成所补图。其空间形体如图 3-41(d)所示。

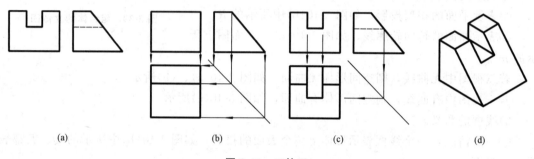

| (a) | (b) | (c) | (d) |

图 3-41 二补三

【例 3-6】 试用线面分析法读图 3-42(a)所示形体的空间形状。

【解】 在主视图中，共有三个线框和五条线段。首先分析线框 1′，如图 3-42(b)所示，利用"三等"关系，由"高平齐"找到其侧面投影 1″，由"长对正、宽相等"找出其对应的水平投影 1；得出线框 Ⅰ 是正平面。同理可以根据投影图分析得出线框 Ⅱ 和线框 Ⅲ 也是正平面，其形状均为四边形，如图 3-42(c)、(d)所示。

再分析线段 4′，根据"长对正、高平齐"可知它是一个正垂面，对应的是水平投影 4 和侧面投影 4″，在空间呈 L 形，如图 3-42(e)所示。同理，可分析出主视图中其他线段的空间意义，分析多少根据需要确定。

根据对主视图中三个线框和一条线段的分析，就可想象出由它们所围成的形体的空间形状，如图 3-42(f)所示。

对于较复杂的综合式组合体，先以形体分析法分解出各基本体，后用线面分析法读懂难点。

➤ 项目小结

本项目主要介绍了常见平面立体、曲面立体的投影，立体的截断与

动画：截切型组合体投影的画法

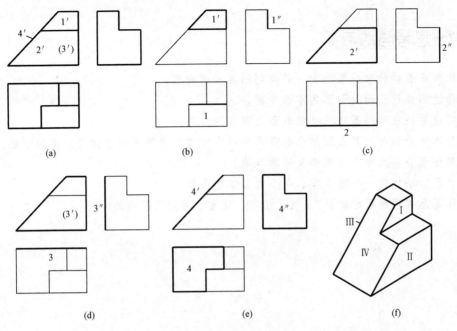

图 3-42　线面分析法读图

相贯的投影，以及组合体的投影。

（1）平面立体的投影，实际上可归结为棱面、棱线和顶点的投影。作平面立体表面上的点和线的投影时，应遵循点、线、面、体之间的从属性关系。棱柱是指上、下底面互相平行，其余每相邻侧面交线互相平行的平面立体，如三棱柱、四棱柱等。棱锥是指底面是多边形，各个棱面都是有一个公共顶点的三角形的平面体，常见的棱锥有三棱锥、四棱锥等。棱台是指将棱锥体用平行于底面的平面切割后去掉上部，余下的部分。常见的棱台有三棱台、四棱台等。

（2）由曲面围成的立体或由曲面和平面围成的立体称为曲面立体。常见的曲面立体有圆柱体、圆锥体和球体。它们都是由母线（或称素线）绕轴线旋转一周形成。圆柱体由素线绕轴线形成的柱面和上、下底面构成。圆锥体是由圆锥面和底面所围成的。圆球体是半圆弧线围绕轴线旋转而成的。

（3）立体被平面切割称为立体的截断。求平面立体截交线的方法有交点法和交线法两种。

（4）当曲面体被一个截平面截断，所产生的截交线是一条平面曲线或平面折线。与平面体上截交线相同，若一截平面将曲面体完全截断，则截交线是闭合的；若没有完全截断，则截交线不闭合。

（5）两相交立体称为相贯体，相贯体表面的交线称为相贯线。当一个立体全部贯穿于另一个立体时，称为全贯，全贯的立体产生两组相贯线；当两个立体相互贯穿时，称为互贯，互贯的主体产生一组相贯线。

（6）组合体是指由两个以上的基本形体组合而成的立体。组合体的构成方式有叠加式、切割式及混合式等，组合时注意两个基本体表面的结合方式；组合体的尺寸标注有定形尺寸、定位尺寸和总尺寸；组合体读图的方法有形体分析法和线面分析法。

1. 试对正五棱柱做投影分析，并绘制出其三面投影。
2. 简述四棱锥三面投影图的作图步骤。
3. 简述素线法和纬圆法在圆锥表面上取点的方法。
4. 基本体叠加时，其表面结合有哪几种组合方式？理解画组合体投影图的方法。
5. 简述组合体尺寸标注原则及注意事项。
6. 自己动手构建一个基本体、一个组合体的模型。
7. 你是怎样理解尺寸标注"正确、清晰、完整、合理"原则的？

项目四　轴测投影

任务一　轴测投影的一般概念

一、轴测投影的形成与作用

　　由于三面正投影[图 4-1(a)]缺乏立体感，直观性较差，需要具备一定的投影知识才能读图。因此，需要用轴测投影更直观地将形体表达出来，如图 4-1(b)所示。

　　将物体连同其参考直角坐标系沿着与任何一个坐标面都不平行的方向，用平行投影法将其投影在单一投影面上，所得到的投影图称为轴测投影图。

动画：轴测图
的形成

　　轴测投影在一个投影面上能同时反映出形体的长、宽、高三个维度，因而，具有较好的立体感。在工程中，轴测投影一般只作为辅助性的图样，用以帮助阅读复杂形体的多面正投影图，也可用来表达某些建筑构配件的整体形状、建筑节点的搭接情况。在给水排水专业中，常用轴测投影来绘制给水排水、采暖通风等方面的管道系统图。

二、轴测图的分类

　　根据投射方向是否垂直于轴测投影面，轴测投影可分为正轴测投影和斜轴测投影两类。当投射方向与轴测投影面垂直时，称为正轴测投影；当投射方向与轴测投影面倾斜时称为斜轴测投影。如图 4-2 所示，空间形体在投影面 P 上投影时，其投射方向 S_1 与投影面 P 垂直，因此，空间形体在投

轴测投影分类

(a)　　　　　　　　　　　　　　　(b)

图 4-1　三面投影图与轴测投影图

（a)三面投影图；(b)轴测投影图

影面 P 上的投影为正轴测投影；空间形体在投影面 Q 上投影时，其投射方向 S_2 与投影面 Q 倾斜，因此，空间形体在投影面 Q 上的投影为斜轴测投影。

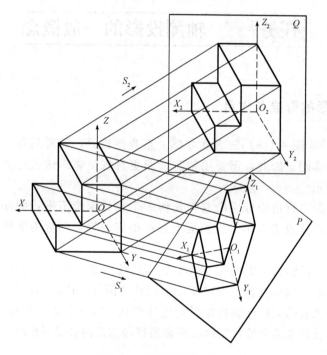

图 4-2　轴测投影的分类

三、轴测图的要素及投影特性

1. 轴测图的要素

轴测图的要素包括投影面、轴测轴、轴间角及轴向变形系数等。

如图 4-3 所示，形成轴测图的投影面 P 称为轴测投影面。立体的空间直角坐标轴 OX、OY、OZ 在轴测投影面上所得到的轴测投影 O_1X_1、O_1Y_1、O_1Z_1 称为轴测轴。两轴测轴间的夹角 $\angle X_1O_1Y_1$、$\angle Y_1O_1Z_1$、$\angle Z_1O_1X_1$ 称为轴间角。

图 4-3　轴测投影图的形成

将轴测轴上的单位长度与相应空间坐标轴的单位长度之比，称为轴向变形系数（也称为轴向伸缩系数）。

OX 轴向变形系数 $p = \dfrac{O_1X_1}{OX}$；

OY 轴向变形系数 $q = \dfrac{O_1Y_1}{OY}$；

OZ 轴向变形系数 $r = \dfrac{O_1Z_1}{OZ}$。

根据三个轴向变形系数是否相等，正轴测图又可分为正等轴测图（简称正等测，$p = q = r$）和正二等轴测图（简称正二测，$p \neq r \neq q$）。同样，斜轴测图也可分为斜等轴测图（简称斜等测，$p = q = r$）和斜二等轴测图（简称斜二测，$p \neq r \neq q$）。

2. 轴测图的投影特性

由于轴测投影是根据平行投影原理作出的，因此，其具备平行投影的一些主要性质，具体如下：

（1）平行性。凡是与坐标轴平行的线段，其轴测投影与相应的轴测轴平行。空间互相平行的线段，它们的轴测投影仍互相平行。

（2）定比性。空间互相平行线段的长度之比，等于它们轴测投影的长度之比。因此，凡是与坐标轴平行的线段，它们的轴向伸缩系数相等。

（3）度量性。物体上互相平行的线段，在轴测图中有相同的轴向变形系数。物体上与坐标轴平行的线段，变形系数相同。在轴测图中只有坐标轴的变形系数是已知的，所以绘制轴测图时，只有与坐标轴平行的线段才能按相应坐标轴的轴向变形系数量取尺寸，这就是可度量性，也就是"轴测"的含义。

任务二　　正等轴测图

正等轴测投影属于正轴测投影中的一种。当投射方向与轴测投影面垂直，而且三个轴向变形系数 $p=q=r$ 时，所得到的投影图称为正等轴测投影图，简称正等测。它画法简单，立体感强，在工程中比较常用。

一、正等测的轴间角和轴向变形系数

1. 轴间角

正等轴测投影是最常见的轴测投影，它的 OZ 轴与铅垂线重合，OX 轴和 OY 轴与水平线的夹角均为 $30°$，由此形成的轴间角均为 $120°$，如图 4-4 所示。

2. 轴向变形系数

由于空间直角坐标系各轴均与投影面 P 成等倾斜，因而投射以后各轴的变形系数变化相同，即 $p=q=r$。可以证明各轴的变形系数均为 0.82，也即投影后各轴测轴的单位长度均为空间坐标系各轴单位长的 0.82 倍。为了画图简便，常把轴向变形系数简化为 1，这样画出的轴测图比按理论变形系数画出的轴测图放大 $1/0.82=1.22$ 倍。用简化变形系数作图时，轴测投影图中沿轴测轴方向线段的长短，可直接按正投影量取（也就是说，凡是平行于坐标轴的尺寸，均按原尺寸画出），这样做的结果只是比照轴向变形

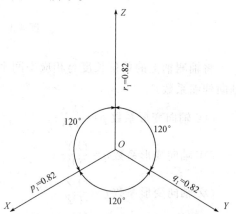

图 4-4　正等测轴间角和轴向变形系数

系数绘制出的图形稍大些，立体形象并没有发生改变，却减少了作图工作量。今后在绘制正等轴测图时，如不特别指明，均按简化的变形系数作图。

二、正等轴测投影图的画法

在绘制空间形体的轴测投影图之前，首先要认真观察形体的结构特点，然后根据其结构特点选择合适的绘制方法，包括叠加法、切割法、坐标法和综合法。

1. 叠加法

叠加法绘制正等轴测投影图是将复杂的形体看成由若干简单形体叠加而成，先按轴测轴及其轴向变化率从它的基本部分开始画起，然后根据每个基本简单立体之间的相对位置依次绘制出每一简单立体的轴测图，最后叠加形成整个形体的轴测图。

如图 4-5(a)所示，利用叠加法作该形体的正等轴测投影图。

形体分析：由图 4-5(a)所示的三面投影图可知，此形体由三个基本立体叠加而成：最下面是一块水平矩形底板；上面靠右是一块侧立矩形竖板；其底面与底板的顶面重合，两

块板的后壁是一个平面；在底板之上、竖板之左是一块三棱柱肋板，其底面与底板的顶面重合，右壁与竖板的左壁重合。

作图步骤：

(1)绘制长方体底板。如图4-5(b)所示，绘制正等轴测图的轴测轴 X 轴、Y 轴和 Z 轴。按 X 轴、Y 轴和 Z 轴的轴向和轴向变化率 $p=q=r=1$ 在图4-5(a)所示的投影图中量取底板的长、宽和高，先作出水平矩形底板的底面、前壁和左壁，然后完成水平矩形底板的正等轴测图。

(2)绘制长方体竖板。如图4-5(c)所示，根据竖板和底板的相对位置在底板顶面作出竖板底面的左前角点的轴测投影，并且过此点在图4-5(a)中所示的投影图中量取竖板的长、宽和高，从而绘制出竖板可见的前壁和左壁，然后绘制出另一壁面和顶面，这样就完成了竖板的正等轴测图的绘制。

动画：正等测
轴测图画法

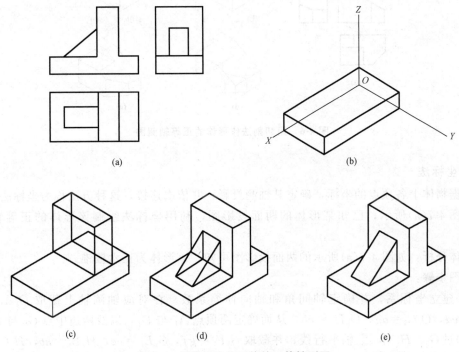

图 4-5　用叠加法作形体的正等轴测图

(3)绘制三棱柱肋板。如图4-5(d)所示，根据肋板与底板相对位置在底板顶面作出肋板底面的右前角点，并且过此点量取肋板的长和高，得到肋板的前壁的左面和上面两个角点，将它们用直线连接作出肋板可见的前壁；再过肋板前壁的各个角点向后量取肋板的厚度，可作出肋板的正等轴测图。

(4)清理图面。如图4-5(e)所示，擦去物体上不存在的轮廓线，用粗实线加深轴测投影中的可见轮廓线。

2. 切割法

切割法绘制正等轴测投影图是将复杂的形体看成由一个简单的基本几何体依次切割而成。作轴测投影时，先绘制出基本体的轴测投影，然后在轴测投影中将切割掉的部分切去，从而得到整个形体的轴测投影。

如图 4-6(a)所示，已知某形体的三面投影图，利用切割法绘制其正等轴测投影图。

形体分析：由图 4-6(a)所示的三面投影图可知，该形体是一长方体被切去三部分而形成的，其中被正垂面切去左上角，被铅垂面切去左前角，被水平面和正平面切去前上角。

作图步骤：

(1)绘制长方体。如图 4-6(b)所示，切去其左上角。

(2)切去前上角，如图 4-6(c)所示。

(3)切去左前角，如图 4-6(d)所示。

(4)清理图面，如图 4-6(e)所示。

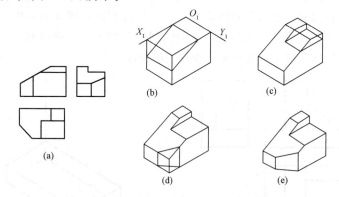

图 4-6　用切割法作形体的正等轴测图

3. 坐标法

根据物体上各顶点的坐标，确定其轴测投影，并依次连接，这种方法称为坐标法。

如图 4-7(a)所示，已知某形体的两面投影图，利用坐标法绘制该形体的正等轴测投影图。

形体分析：如图 4-7(a)所示的两面投影图可知，该形体为正六棱锥。

作图步骤：

(1)建立坐标系，并确定轴间角和轴向伸缩系数。在对应轴测轴上截取 $O_1A_1=oa$，$O_1D_1=od$，$O_1G_1=og$，$O_1H_1=oh$，从而确定两顶点 A_1 与 D_1，以及两边中点 G_1 与 H_1。

(2)过 G_1、H_1 作 X_1 轴平行线，并截取 $G_1F_1=gf$，$G_1E_1=ge$，$H_1B_1=hb$，$H_1C_1=hc$，从而确定正六边形的另外四个顶点 B_1、C_1、E_1 与 F_1，同时确定锥顶 S_1，如图 4-7(b)所示。

(3)过锥顶 S_1 向锥底面的各顶点作连线，并根据轴测投影图的可见性，擦去六棱锥中不可见的各棱边和棱线，将可见的各棱边和棱线加深，即完成六棱锥的正等轴测图，如图 4-7(c)所示。

4. 综合法

若形体的形状非常复杂，仅使用一种方法不能作出真正等测图时，常常在形体分析的基础上，综合运用上述的其中两种或三种方法来绘制正等轴测图，这样的方法称为综合法。

三、平行于坐标面的圆的正等轴测投影

圆的正等测投影为椭圆。由于三个坐标面与轴测投影面所成的角度相等，所以，直径相等的圆，在三个轴测坐标面上的轴测椭圆大小也相等，且每个轴测坐标面上的椭圆的长

图 4-7　用坐标法作形体的正等轴测图

轴垂直于第三轴测轴，如图 4-8 所示。

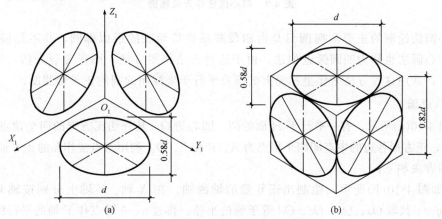

图 4-8　平行于坐标面的圆的正等轴测图

圆的正等轴测图的画法包括四心圆法和八点法两种。

1. 四心圆法

如图 4-9(a)所示，圆心为 O 的圆，其外切正方形的四个顶点为 E、F 和 G、H，正方形各边的中点即四个切点为 A、B 和 C、D。利用四心圆法作圆的正等轴测图。

作图步骤：

(1)如图 4-9(b)所示，绘制出正等测的轴测轴。在 X 轴、Y 轴上分别按轴向变化率 $p=1$ 和 $q=1$ 截取 Oa、Ob、Oc、Od 等于圆的半径。再过 a、b 两点作 Y 轴的平行线，过 c、d 两点作 X 轴的平行线，得到菱形 $egfh$，即圆的外切正方形的正等测图。

(2)如图 4-9(c)所示，连接 ea 和 ed（或 fb 和 fc）与对角线 gh 相交于 i、j 两点。

(3)如图 4-9(d)所示，以 e 点为圆心、以 ea（或 ed）为半径作圆弧 ad；以 f 点为圆心、以 fb（或 fc）为半径作圆弧 bc。

(4)如图 4-9(e)所示，以 i 点为圆心、以 ia（或 ic）为半径作圆弧 ac；以 j 点为圆心、jb（或 jd）为半径作圆弧 bd。这样就拼接成这个圆的正等轴测图。

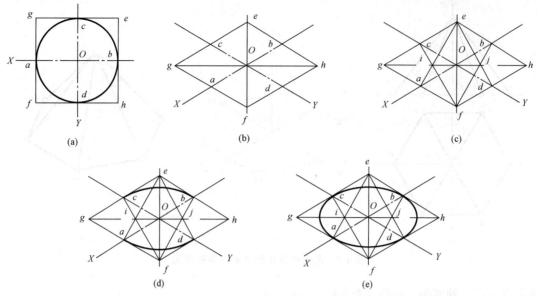

图 4-9 四心圆法作近似椭圆

四心圆法绘制的正等测椭圆只是由四段圆弧拼接而成的近似椭圆，并不是椭圆曲线。因此，四心圆法也称为四圆弧近似法。由于这种方法作图方便，图形美观光洁，所以在一般情况下，常用这种方法来作坐标面上的圆或平行于坐标面的圆的正等轴测图。

2. 八点法

如图 4-10(a)所示，有一平行于 H 面的圆，圆心为 O，其外切正方形的四个顶点为 E、F 和 G、H，正方形各边的中点即四个切点为 A、B 和 C、D。利用八点法作图的正等轴测图。

作图方法如下：

(1)如图 4-10(b)所示，绘制出正等测的轴测轴。在 X 轴、Y 轴上分别按轴向变化率 $p=1$ 和 $q=1$ 截取 Oa、Ob、Oc、Od 等于圆的半径。再过 a、b 两点作 Y 轴的平行线，过 c、d 两点作 X 轴的平行线，得到菱形 $egfh$，即圆的外切正方形的正等测图。

(2)如图 4-10(c)所示，连接对角线 ef 和 gh。

(3)如图 4-10(d)所示，以 ec 为斜边作一等腰直角三角形 eci，并在 eg 线上截取 cj、ck 等于 ci，过 j、k 两点作 Y 轴平行线，并与对角线 ef、gh 交于 m、n、p、q 四个点。

(4)如图 4-10(e)所示，用曲线光滑连接 a、q、d、p、b、n、c、m 八个点，得到圆的正等轴测图。

圆的任何一对互相垂直的直径，它们的平行投影分别都是投影椭圆的一对共轭轴，八点法就是已知椭圆的一对共轭轴作椭圆的一种方法。

四、圆角的正等轴测投影

一般的圆角（圆周的四分之一）的轴测图正好是近似椭圆四段弧中的一段。可采用圆的正等轴测投影的画法：过各圆角与连接直线的切点，作对应直线的垂线，两对应垂线的交点即相应圆弧的圆心，半径则为圆心至切点的距离，如图 4-11 所示。

图 4-10 八点法作椭圆

图 4-11 正等轴测投影图中圆角的画法

【例 4-1】 如图 4-12 所示，已知形体的三面投影图，利用综合法绘制该形体的正等测图。

图 4-12 求作台阶的正等轴测图

【分析】 由图 4-12 所示的三面投影图可知，该形体是一个台阶，由两个侧栏板和三级踏步组成，侧栏板可看作是由一个长方体被侧垂面切去一侧垂三棱柱而成的。踏步和栏板的底面是一个平面，左栏板的右壁与踏步的左端端面重合，右栏板的左壁与踏步的右端端面重合。

【作图】

(1)作长方体斜面。如图 4-13(a)所示，绘制出正等测的轴测轴 X 轴、Y 轴和 Z 轴。先绘制右栏板的正等轴测图：按 X 轴的轴向和轴向变化率 $p=1$ 量取 X_2，按 Y 轴的轴向和轴

向变化率 $q=1$ 量取 Y_1，按 Z 轴的轴向和轴向变化率 $r=1$ 量取 Z_1，作出长方体的正等测；过长方体顶面的左后角点向前量取 Y_2，又过长方体底面的左前角点向上量取 Z_2，将所得到的两个点用直线连接，并过这两个点分别作 X 轴的平行线；用直线连接对应点，绘制出斜面的正等轴测图，这样就完成了右侧栏板的正等轴测图。

（2）作另一侧长方体斜面。如图 4-13（b）所示，过右侧栏板底面的左前角点量取两个栏板之间的距离 X_1，可得到左侧栏板底面的右前角点，然后采用如图 4-13（a）所示同样的方法得到左侧栏板的正等轴测图。

（3）作踏步端面。如图 4-13（c）所示，绘制出踏步的正等轴测：先按踏步和栏板相对位置过右侧栏板底面的左前角点量取 Y_3，得到踏步右端面的前下角点；过这个点量取踏步的高度，再过所得到的点量取踏步的宽度，这样就作出第一个踏步右端面的正等轴测图。然后再采用同样的方法作出第二、三个踏步右端面的正等测图。过整个踏步右端面的各个顶点分别向左作 X 轴的平行线，完成整个踏步的正等轴测图。

（4）清理图面。如图 4-13（d）所示，擦去所有作图线和不可见的轮廓线，用粗实线将形体的可见轮廓线加深，绘制出了台阶的正等轴测图。

图 4-13　用综合法作台阶的正等轴测图

任务三　斜轴测图

通常，将形体的两个坐标轴放置在与轴测投影面平行的位置，同时，投射线与轴测投影面倾斜，得到的就是斜轴测投影。工程中，常用的有正面斜轴测投影和水平斜轴测投影两种。无论哪种，当它的三个轴向变形系数相等时，称为斜等测投影。如果只有两个方向的变形系数相等，就称为斜二测投影。

一、斜轴测投影的轴间角和轴向变形系数

在绘制斜轴测投影时，为了作图方便，通常使形体的某个特征面平行于轴测投影面，其轴测投影反映实形，相应的有两个轴测轴的变形系数为1，对应的轴间角仍为直角；而另一个轴测轴可以是任意方向（通常取与水平方向成30°、45°或60°等的特殊角），对应的变形系数也可以取任意值，通常取0.5，既美观又方便。

二、斜轴测投影图的画法

工程上，常用的斜轴测投影图分别是正面斜二测图和水平斜等测图两种。

1. 正面斜二测图的画法

当确定形体空间位置的直角坐标轴 OX 和 OZ 与轴测投影面平行，投射线与轴测投影面倾斜成一定角度时，所得到的轴测投影称为正面斜轴测图。

空间坐标系的 XOZ 坐标面与投影面平行时，轴间角 $\angle X_1 O_1 Z_1 = 90°$，$O_1 X_1$ 轴和 $O_1 Z_1$ 轴的轴向变形系数也保持不变，即 $p = r = 1$。然而由于空间坐标轴 OY 与投影面垂直，其投影轴 $O_1 Y_1$ 的方向随投射方向的变化而变化，因而，$O_1 Y_1$ 轴与 $O_1 X_1$ 轴和 $O_1 Z_1$ 轴之间的夹角可以任意给定；同样 $O_1 Y_1$ 轴和 OY 轴的单位长度的比值也是可以任意设定的。为画图方便，通常取 $O_1 Y_1$ 轴与 $O_1 X_1$ 轴成45°，如图4-14所示。对于 $O_1 Y_1$ 轴的轴向变形系数 q 值一般取1/2。当 q 取1/2时，称这样的正面斜轴测投影为正面斜二测；当 $q = 1$ 时则称为正面斜等测。

图 4-14　正面斜轴测投影
（a）正面斜二测；（b）正面斜等测

绘制形体的正面斜二测图也可采用与作形体正等轴测图时所用的相同的四种基本方法，即叠加法、切割法、坐标法和综合法。但是由于正面斜二测投影的 V 面与投影平面平行，所以形体的正面和形体上平行于正面的平面的正面斜二测图反映实形，因而在 V 面上或平行于 V 面的圆的正面斜二测投影是同样大小的圆，反映实形。由于正面斜二测投影的

斜二测图的画法

轴向变化率 $p = r = 1$，$q = \dfrac{1}{2}$，所以在 H 面和 W 面上或平行于这两个面的圆的正面斜二测投影是椭圆。又因为两个轴的轴向变化率都分别不相等，所以不能用四心圆法作出近似椭圆，而只能用八点法作椭圆。

如图4-15（a）所示，已知台阶的两面投影图，绘制其正面斜二测图。

（1）绘制坐标系。取正投影图的左下角点 O 为坐标系原点，画轴测轴，令 O_1Z_1 轴为竖直方向，设 O_1X_1 方向与其垂直，O_1Y_1 轴与其成 $45°$，O_1Y_1 轴的轴向变形系数 q 取为 $1/2$。

（2）作轴测图。将正面投影平移，令坐标轴与 $O_1X_1Z_1$ 轴测轴重合，然后过各顶点向后面 $45°$ 平行线并截取台阶前后尺寸的 $1/2$，如图 4-15（a）、（b）所示。

（3）完成作图。依次将截得各顶点相连，整理并加深可见投影线，完成台阶的正面斜二测投影图，如图 4-15（c）、（d）所示。

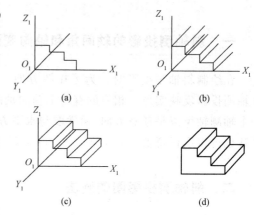

图 4-15　台阶的正面斜二测投影图

【例 4-2】　根据图 4-16（a）所示的带缺口圆柱的投影图作出其正面斜二测图。

【分析】　由图 4-16（a）所示的投影图可以看出，圆柱的两个底面平行于侧立投影面。因为正面斜二测图的一个特点是能够反映平行于正立投影面的平面图形的实形，所以，为了简化作图，应把底面从侧立投影面方向转到正立投影面方向，即把长向看作宽向。此时，平行于圆柱底面的各个圆及圆弧都反映实形。

【作图】

（1）作两底圆。如图 4-16（b）所示，先画圆柱的前端面，它的正面斜二测图仍然是与它本身大小形状完全相同的圆。过圆柱前端面的圆心按 Y 轴的轴向和轴向变化率 $q = \dfrac{1}{2}$ 向后量取 $\dfrac{X}{2}$，得到圆柱后端面的圆心，并画出这个端面的正面斜二测图，仍然是圆。

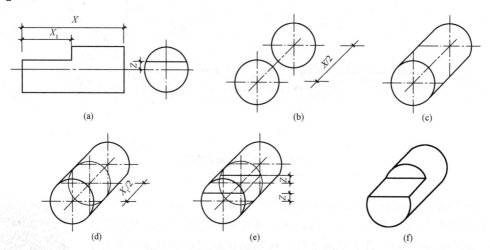

图 4-16　作带缺口圆柱的正面斜二测图

（2）作圆柱的轴测投影。如图 4-16（c）所示，画出两条 Y 轴的平行线与两个端面的圆周相切，这样就得到了圆柱体的轮廓线，从而可作出整个圆柱的正面斜二测图。

（3）确定切口上圆截面的位置。如图 4-16（d）所示，过圆柱前端面的圆心按 Y 轴的轴向和轴向变化率按 $q = \dfrac{1}{2}$ 向后量取 $\dfrac{X_1}{2}$，在已作出的圆柱上定出切口上圆截面圆心的位置，并作出这个圆。

（4）确定切口上矩形截面的位置。如图 4-16(e)所示，分别在已画出的圆柱前端面和圆截面中心线上按 Z 轴的轴向与轴向变化率 $r=1$ 量取缺口的高度 Z，过所得到的点作出两条 X 轴的平行线与圆柱相交，然后连接平行线的对应端点得到两条 Y 轴的平行线，这样就完成了圆柱缺口的正面斜二测图。

（5）完成作图。如图 4-16(f)所示，清理图面，擦去所有作图线和带缺口圆柱的不可见的轮廓线并且将所有的可见轮廓线用粗实线加深。

2. 水平斜等测图的画法

水平斜等轴测投影的轴测轴 OX 轴、OY 轴之间的轴间角仍然为 $90°$，通常将 OZ 轴与 OX 轴的轴间角取为 $120°$，显然，OZ 轴与 OY 轴的轴间角是 $150°$，轴向变化率 $p=q=r=1$。作图时，常常把 OZ 轴画成铅直方向，则 OX 轴和 OY 轴与水平线分别成 $30°$ 和 $60°$。在 H 面上或平行于 H 面的平面图形上的水平斜等测图能够反映实形。

如图 4-17(a)所示，已知某建筑形体的投影图，绘制其水平斜等测图。

图 4-17　作建筑形体的水平斜等测图

形体分析：由图 4-17(a)所示的投影图可知，该形体由三个简单立体组成：中间的立体是一个长方体；左边的立体是一个 L 形底面的六棱柱，它的凹角和长方体的左后棱线重合；右边的立体也是一个 L 形底面的六棱柱，它的凹角和长方体的右前棱线重合；三个立体的底面是一个平面。

作图方法如下：

（1）作水平投影。如图 4-17(b)所示，绘制出水平斜等测的参考轴测轴 X 轴、Y 轴和 Z 轴。按 X 轴和 Y 轴的轴向和轴向变化率 $p=q=1$ 照搬图 4-17(a)所示的建筑形体的底面，即把水平投影旋转 $30°$ 画出。

（2）量取高度。如图 4-17(c)所示，过建筑形体的各个角点按 Z 轴的轴向和轴向变化率 $r=1$ 向上分别量取三个简单立体的高度 Z_1、Z_2 和 Z_3，得到建筑形体顶面的各个角点。

（3）完成作图。如图 4-17(d)所示，用直线连接建筑形体顶面的各个角点，可得到形体的顶面的水平斜等测图。清理图面，擦去所有建筑形体上的不可见的轮廓线，将所有可见轮廓线用粗实线加深。

任务四　轴测投影的选择

　　轴测投影的选择应以立体感强和作图简便为原则，首先需要解决的是选用哪种类型的轴测图来表达空间形体，轴测类型的选择直接影响到轴测图表达的效果。在轴测图类型确定之后，还需要考虑投影方向，从而能够更为清晰、明显地表达重点部位。

　　由于正等测图的三个轴间角和轴向变形系数均相等，尤其是平行于三个坐标面的圆的轴测投影画法相同。因此，对于多个坐标面上有圆、半圆或圆角的形体，宜采用正等测。但从作图的简便性上，斜二测作图相对比较简单，特别对于一个方向上形状复杂或圆弧较多的形体适合选用斜二测。

➤ 项目小结

　　本项目主要介绍了轴测投影。

　　(1)物体连同其参考直角坐标系沿着与任何一个坐标面都不平行的方向，用平行投影法将其投影在单一投影面上，所得到的投影称为轴测投影，也称轴测投影图。

　　(2)根据投射方向是否垂直于轴测投影面，轴测投影可分为正轴测投影和斜轴测投影两类。

　　(3)正轴测投影图的画法包括叠加法、切割法、坐标法和综合法。

　　(4)斜轴测投影图可分为正面斜二测图和水平斜等测图两种，绘制时除可采用叠加法、切割法、坐标法和综合法四种基本方法外，还可根据其自身的特性选择其他方法。

➤ 思考与练习

　　1.轴测投影选用什么投影方法？

　　2.轴测投影具有哪些基本特性？

　　3.如何绘制正等轴图？

　　4.如何绘制斜二测投影图？

　　5.如何恰当选择轴测投影？

　　6.你知道轴测图和透视图的区别吗？

　　7.最早的"营造法式"中就有轴侧图和透视图的表达，查一查，看一看。

项目五　剖面图和断面图

任务一　剖面图

　　工程构造物内部的不可见部分，在三面投影图中用虚线表示，如果不可见部分比较复杂，视图中就会出现较多的虚线，甚至虚线、实线相互重叠或交叉，使图形很不清晰，也不便标注尺寸。而且在土建工程中，通常还要表达出结构的材料，为此国家标准规定可以采用剖切的画法即剖面图来表达。

一、剖面图的形成

　　用假想剖切面剖开形体，将处在观察者和剖切面之间的部分移去，而将其余部分向投影面作正投影所得到的视图称为剖面图。如图 5-1(a)所示为一台阶的三面投影图。在 W 面投影图中，由于踏步被侧面栏板遮住而不可见，所以，在 W 面投影图中要画成虚线。现假想用一侧平面 P 作为剖切平面，把台阶沿着踏步剖开，如图 5-1(b)所示，再移去观察者和剖切平面之间的那部分台阶，然后作出台阶剩下部分的投影，则得到如图 5-1(c)中所示的 1—1 剖面图。

二、剖面图的标注

1. 剖切位置

　　作剖面图时，一般使剖切平面平行于基本投影面，从而使断面的投影反映实形。剖切平面即投影面平行面，与之垂直的投影面上的投影则积聚成一直线，此直线表示剖切位置，称为剖切位置线，简称剖切线。投影图中用断开的一对短粗实线表示，长度为 6～10 mm，并且不与其他图线相接触，如图 5-1(c)所示。

动画：剖面图的形成

剖面图的标注

图 5-1　剖面图的形成

2. 投影方向

为表明剖切后剩余形体的投影方向，在剖切线两端的同侧用粗实线绘制剖视方向线。它应垂直于剖切位置线，长度应短于剖切位置线，宜为 4～6 mm，如图 5-1(c)所示。

3. 剖面图的编号

为了区分清楚，对每一次剖切都要进行编号，对剖切位置用一对英文字母(如 A)或阿拉伯数字(如 1)表示，写在表示投影方向的一侧，并在所得相应的剖面图的上方居中写上对应的剖面编号名称，如图 5-1(c)所示。剖视剖切符号的编号按剖切顺序由左至右、由下向上连续编排，并应注写在剖视方向线的端部。

4. 材料图例

剖面图中包含了形体的断面，在断面图上必须画表示建筑材料的图例（表 6-3），如果没有指明材料，可在断面处画互相平行且间距相等的 45°细实线表示，称为剖面线，如图 5-2(a)所示。

由不同材料组成的同一物体，剖开后，在相应的断面上应画不同的材料图例，并用粗实线将处在同一平面上的两种材料图例隔开，如图 5-2(b)所示。

物体剖开后，当断面的范围很小时，材料图例可用涂黑表示，在两个相邻断面的涂黑图例间，应留有空隙，其宽度不得小于 0.5 mm，如图 5-2(c)所示。

图 5-2　图例画法示例

在钢筋混凝土构件中，当剖面图主要用于表达钢筋分布时，构件被切开部分，不画材料符号，而改画钢筋。

5. 画剖面图时应注意的问题

(1)剖切平面的选择：一般选择投影面平行面，故在剖面图中反映截断面的实形，且剖面图与各投影图保持正投影应有的对应关系（长对正、高平齐、宽相等）。

(2)因剖切平面是假想的，除剖面图是剩余"体"的正投影外，立体的其他面投影不受剖视图的影响，仍然按完整的物体来处理，各视图之间仍满足"长对正、高平齐、宽相等"的投影规律。

(3)剖面图中应画出可见轮廓线。剖切平面前方已剖去部分的可见轮廓线不应画出。

(4)剖面图中已经表达清楚的虚线一般可省去。没有表达清楚的部分，必要时可画出虚线。

三、剖面图的分类

1. 全剖面图

假想用一个剖切平面将形体全部剖开所画出的剖面图即全剖面图，如图 5-3 所示，主要用于外形结构比较简单而内部结构比较复杂的形体或非对称结构的形体。全剖面图一般都要标注剖切线，只有当剖切平面与形体的对称平面重合，且全剖面图又为基本投影图的位置时，可以省去标注。

剖面图分类 1

剖面图分类 2

动画：全剖

(a)

(b)

1—1剖面图   2—2剖面图

(c)

图 5-3　全剖面图

剖面图画法举例

【例 5-1】　作出水池的 1—1、2—2 剖面图，如图 5-4(a)所示。

【解】　作图步骤如图 5-4(b)所示。

(1)观察剖切位置，想象将形体剖切开后切掉的部分和剩余部分的形状。

1—1剖面图   2—2剖面图

(a)   (b)

图 5-4　水池剖面图

（2）观察 1—1 剖面投影方向是朝 V 面投影，将 V 面投影中假想被切掉的部分的线段擦掉，并将能够看到的虚线画成实线，如图 5-4(b) 中的 1—1 剖面图所示。

（3）用同样的方法绘制 2—2 剖面图，如图 5-4(b) 所示。

2. 半剖面图

当物体具有对称平面时，在垂直于对称平面上的投影面上投影所得图形，可以对称中心为界，一半画成视图，另一半画成剖面图，这样组合的图形称为半剖面图。半剖面图适用于内外结构都需要表达的对称物体，一半表示物体的外部形状，另一半表示物体的内部构造。

动画：半剖

绘制半剖面图应注意以下事项：

（1）半个表示外形投影图和半个表示内部结构的剖面图的分界线应画成点画线，不画实线。若作为分界线的点画线刚好与轮廓线重合，则应避免用半剖面图。

（2）在立体的半个剖面图中，内部结构已表达清楚时，对称分布在半个投影图中的虚线可省略不画。

（3）半个剖面图习惯画于分界线的右侧或下方，如图 5-5 所示。

图 5-5　半剖面图

(a)投影图；(b)直观图

3. 局部剖面图

用剖切面局部剖开物体所得的剖视图称为局部剖面图。局部剖切的位置与范围用波浪线来表示。局部剖面图通常用于以下几种情况：

（1）外形复杂，内部简单，而且需要保留大部分外形，只需表达局部内形的形体。

（2）形体轮廓与对称轴线重合，不宜采用半剖面或不宜采用全剖的形体，可采用局部剖面图。

绘制局部剖面图应注意以下事项：

（1）局部剖切比较灵活，但应照顾看图方便，不应过于零碎。

（2）用波浪线表示形体断裂痕迹，应画在实体部分，不能超过视图轮廓线或画在中空部位，不能与图上其他线条重合。

（3）局部剖面图只是形体整个外形投影中的一个部分，不需标注，如图 5-6 所示。

图 5-6 局部剖面图

有些时候按实际需要，用分层剖切的方法表示其内部构造得到的剖面图称为分层剖面图。对一些具有多层构造层次的建筑构配件，可按实际需要，用分层剖切的方法表示其内部构造。在房屋工程图中，常用分层剖面图来表示墙面、楼（地）面和屋面的构造作法，如图 5-7 所示。

图 5-7 是用分层剖面图表示一面墙的构造情况。用两条波浪线为界，分别把三层构造都表达清楚。分层剖切的剖面图，应按层次以波浪线将各层隔开，波浪线不应与任何图线重合。

图 5-7 分层剖面图

4. 阶梯剖面图

用几个平行的剖切平面剖开物体的方法，称为阶梯剖。其适用于物体需要表达的内部结构的轴线或对称面不在同一平面内，但相互平行，宜采用几个平行的剖切平面剖切的情况。使用阶梯剖切时在剖切平面的起止和转折处均应标注剖切符号和投射方向。当剖切平面位置明显，又不致引起误解时，转折处可不标注剖切符号和投射方向。

因为剖切是假想的，所以在画阶梯剖面图时，剖切平面转折处的交线不能画出，如图 5-8 所示。

立面图

1

1 平面图

(a)

动画：阶梯剖

图 5-8 阶梯剖面图

1—1剖面图

(b)　　　　　　　　　　　　　　　　(c)

图5-8　阶梯剖面图(续)

5. 展开剖面图

　　用两个或两个以上的相交平面剖切物体，所得的剖面图称为展开剖面图。当形体结构的两部分在一基本投影面上的投影成一定的角度，用一个剖切平面无法将各部分的形状、尺寸真实表达出来时，常采用展开剖面图。

　　展开剖面图的图名后应加注"展开"字样，如图5-9所示。

1—1剖面图(展开)

相交剖切平面

(a)　　　　　　　　　　　　　　　　(b)

图5-9　展开剖面图
(a)投影图；(b)直观图

　　图5-9所示为一楼梯的展开剖面图。由于楼梯的两个梯段之间在水平投影面上的投影成一定的夹角，如用一个或两个平行的剖切平面剖切物体，都无法将楼梯各部分的形状、尺寸真实地表达清楚。因此，可用两个相交的剖切平面进行剖切，一个剖切面平行于正立面，另一个剖切面为铅垂面，倾斜于正立面，分别沿着楼梯的两个梯段剖开楼梯。为了反映两个梯段的真实形状和大小，把倾斜于正立面的剖切面剖切后得到的图形旋转到与正立面平行后再进行投影，便得到1—1剖面图(展开)。

　　需要注意的是，当两相交剖切平面的交线垂直于某一基本投影面且与形体上的旋转轴线重合时，剖开的倾斜结构及其有关部分旋转到与选定的投影面平行后再投影，所得到的剖面图称为旋转剖面图。

任务二　断面图

对于某些单一的杆件或需要表示某一部位的截面形状时，可以只画出形体与剖切平面相交的那部分图形，即假想用剖切平面将物体剖切后，仅画出断面的投影图称为断面图。

一、断面图的形成

断面图常用于表达形体上某一部分的断面形状，如建筑及装饰工程中梁、板、柱、造型等某一部位的断面真形，如图 5-10 所示。断面图需要单独绘制。

动画：断面图的形成

(a)　　　　　　　　　(b)

图 5-10　断面图的形成

断面图的断面轮廓线用粗实线绘制，断面轮廓线范围内也要绘制出材料图例，画法同剖面图。断面图的剖切符号由剖切位置线和编号两部分组成，不画投射方向线，而以编号写在剖切位置线的一侧表示投射方向。如图 5-10(a)所示，断面图剖切符号的编号注写在剖切位置线的下方，则表示投射方向从上向下看。同时，在断面图的下方或一侧也应注写相应的编号即图名，如"1—1"，并在图名下画一粗实线，如图 5-10(b)所示。

断面图标注

二、断面图的分类

1. 移出断面图

画在视图轮廓线以外的断面图称为移出断面图。图 5-11 所示为钢筋混凝土梁、柱节点的正立面图和移出断面图。

移出断面图的轮廓线用粗实线画出，可以画在剖切平面的延长线上或其他适当的位置。移出断面图一般应标注剖切位置、投射方向和断面名称，如图 5-11 所示。

动画：断面图的分类

图 5-11 移出断面图

【例 5-2】 绘制钢筋混凝土梁的断面图，如图 5-12 所示。

断面图画法

【解】 作图步骤如下：

(1) 观察剖切位置，想象将形体剖切开后剖切面的形状。

(2) 观察 1—1 断面投影方向是朝 W 面方向投影，切到的位置是梁的实心位置，将 W 面投影中没被切到的内部虚线段擦掉，并在实线内填充钢筋混凝土材料图例，如图 5-12 中的"1—1 断面图"所示。

(3) 观察 2—2 断面位置是在梁的中段，切到的位置为梁内部，将 W 面投影中虚线段和梁顶、梁底线提出来，并填充钢筋混凝土材料图例，如图 5-12 中的"2—2 断面图"所示。

图 5-12 钢筋混凝土梁的断面图

2. 重合断面图

将断面旋转 90°后画在视图轮廓线内的断面图称为重合断面图，如图 5-13 所示。重合断面图的比例应与原投影图一致，如图 5-14 所示。

(a)　　　　　　　　　(b)

图 5-13　屋顶的重合断面图

(a)重合断面图；(b)立体图

(a)　　　　　　　　　(b)

图 5-14　现浇板的重合断面图

(a)重合断面图；(b)立体图

3. 中断断面图

有些构件较长且断面图对称，可以将断面图画在构件投影图的中断处。画在投影图中断处的断面图称为中断断面图。

中断断面图的轮廓线用粗实线绘制，投影图的中断处用波浪线或折断线绘制，如图 5-15 和图 5-16 所示。此时不画剖切符号，图名还用原图名。

图 5-15　中断断面图的画法　　　　　**图 5-16　钢屋架大样图**

断面图与剖面图的区别如下：

(1)断面图仅是一个"面"的投影，而剖面图是物体被剖切后剩下部分的"体"的投影，具体区别如图 5-17 所示。

(2)剖切符号的标注不同。断面图的剖切符号只画出剖切位置线，不画投射方向线，而是用编号的注写位置来表示剖切后的投射方向。如编号写在剖切位置线下侧，表示向下投射；注写在左侧，表示向左投射。

(3)剖面图中的剖切平面可转折，断面图中的剖切平面则不能转折。

图 5-17　剖面图与断面图的区别

(a)断面图；(b)剖面图

任务三　图样的简化画法

一、对称形体的简化画法

工程构配件的视图有一条对称线，可只画该视图的一半；视图有两条对称线，可只画该视图的 1/4，并画出对称符号，如图 5-18 所示。对称符号由对称线和两端的两对平行线组成。对称线用细单点长画线绘制；平行线用细实线绘制，其长度宜为 6～10 mm，每对的间距宜为 2～3 mm；对称线垂直平分于两对平行线，两端超出平行线宜为 2～3 mm。

图形也可稍超出其对称线，此时可不画对称符号，如图 5-19 所示。对称的形体需画剖视图或断面图时，可以对称符号为界，一半画视图(外形图)，一半画剖面图或断面图，即半剖面图。

图 5-18　画出对称符号　　　　　图 5-19　不画出对称符号

二、相同要素的简化画法

构配件内多个完全相同而连续排列的构造要素，可仅在两端或适当位置画出其完整形状，其余部分以中心线或中心线交点表示，如图 5-20 所示。

图 5-20　相同要素的简化画法

三、折断的简化画法

较长的构件，当沿长度方向的形状相同或按一定规律变化时，可断开省略绘制，断开处应以折断线表示，如图 5-21 所示。

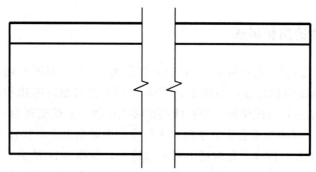

图 5-21　折断的简化画法

四、工程构件局部不同的简化画法

一个工程构配件如与另一工程构配件仅部分不同，该构配件可只画不同部分，但应在两个构配件的相同部分与不同部分的分界线处分别绘制连接符号，如图5-22所示。连接符号应以折断线表示需连接的部位。当两部位相距过远时，折断线两端靠图样一侧应标注大写拉丁字母表示连接编号。两个被连接的图样应用相同的字母编号。

图5-22　工程构件局部不同的简化画法

项目小结

本项目主要介绍了剖面图、断面图的分类及绘图方法。

(1)用假想剖切面剖开形体，将处在观察者和剖切面之间的部分移去，而将其余部分向投影面作正投影所得到的视图称为剖面图。

(2)剖面图可分为全剖面图、半剖面图、局部剖面图、阶梯剖面图和展开剖面图。

(3)假想用剖切平面将物体剖切后，仅画出断面的投影图称为断面图。断面图常用于表达形体上某一部分的断面形状，如建筑及装饰工程中梁、板、柱、造型等某一部位的断面实形。

(4)断面图可分为移出断面图、重合断面图和中断断面图。

思考与练习

1. 画剖面图时应注意哪些问题？

2. 什么是全剖面图和半剖面图？各适用于什么情况？

3. 画半剖面图应注意哪些问题？

4. 什么是断面图，其适用于什么情况？
5. 断面图和剖面图有何区别？
6. 你知道"一包撕开了的香烟"的故事吗？
7. 尝试用建模软件创建某剖切形体的三维模型。

项目六　房屋建筑工程图的一般知识

知识目标

通过本项目的学习，了解房屋建筑的组成、房屋建筑工程图的分类与编排顺序、房屋建筑制图标准的相关规定。

能力目标

能说出组成房屋的主要构件、名称、作用；能说出一套房屋建筑工程图所包含的图样及其编排顺序；清楚房屋建筑制图标准中相关符号和图例的规定及表达的含义。

任务一　房屋的组成及其作用

一、房屋的分类

房屋是供人们生产和生活的场所，与人们的生活密切相关。房屋建筑根据使用功能和使用对象的不同分为很多种类，一般可归纳为民用建筑、工业建筑、农用建筑等。其中民用建筑又分为居住建筑和公共建筑两类。居住建筑是指供人们休息、生活起居所用的建筑物，如住宅楼、宿舍等；公共建筑是指供人们进行政治、经济、文化、体育、医疗等活动所需的建筑物，如学校、医院、体育馆、电影院等。

房屋直观图

尽管各种类型的房屋功能、外形、规模不同，但其基本的组成内容是相似的。房屋的第一层称为底层（或称一层或首层），往上数，称二层、三层……顶层。现结合如图 6-1 所示某住宅楼将房屋各组成部分的名称及其作用做简单介绍。

二、房屋的组成及作用

1. 基础

基础是房屋最下部埋在土中的扩大构件，承受着房屋的全部荷载，并将荷载传递给地基（基础下面的土层），如图 6-1 中的 1 所示。

识读房屋构件

2. 楼地面

楼面和地面是划分房屋内部空间的水平构件，具有承重、竖向分隔和水平支撑的作用，并将楼板层上的荷载传递给墙（梁）或柱。楼面是指二层或二层以上的楼板或楼盖。地面又称为底层地坪，是指第一层楼面，如图 6-1 中的 2、3 所示。

3. 墙与柱

墙与柱是房屋的纵向承重构件，承受楼地面和屋顶传来的荷载，并将这些荷载传递给基础。墙按受力情况可分为承重墙和非承重墙；按位置可分为内墙和外墙；按方向可分为纵墙和横墙。两端的横墙通常称为山墙，如图 6-1 中的 4 所示。

4. 楼梯

楼梯是各楼层之间的垂直交通设施，供人们上下楼层和紧急疏散之用，如图 6-1 中的 5 所示。

5. 门窗

门窗是房屋的围护构件。门的主要功能是交通和分隔房间；窗的主要功能则是通风、采光和眺望，同时，还具有分隔和围护作用，如图 6-1 中的 6、7 所示。

6. 屋顶

屋顶是房屋顶部的维护和承重构件，主要作用是承重、保温隔热和防水排水。它主要承受着风、霜、雨、雪的侵蚀、外部荷载及自身重量，并将这些荷载传递给墙（梁）或柱，如图 6-1 中的 8 所示。

散水

勒脚

女儿墙

泛水

过梁

圈梁、构造柱

图 6-1　房屋的组成

1—基础；2—地面；3—楼面；4—墙；5—楼梯；6—门；7—窗；8—屋顶

除此之外，房屋还包括有起排水作用的天沟、雨水管、散水、明沟、雨篷等；起保护墙身作用的勒脚、防潮层等；起晾晒休闲作用的阳台等。

任务二　房屋建筑工程图的产生及分类

一、房屋建筑工程图的产生

每一项建筑工程的建造都要经过下列程序：编制工程设计任务书→选择建设用地→场地勘测→设计→施工→设备安装→工程验收→交付使用和回访总结。其中设计阶段是重要环节，一般可分为初步设计和施工图设计两个阶段。对一些技术上复杂而又缺乏设计经验的工程，还应增加技术设计（或称扩大初步设计）阶段，作为协调各工种的矛盾和绘制施工图的准备。

初步设计的目的是提出方案，详细说明该建筑的平面布置、立面处理、结构选型等内容。施工图设计是为了修改和完善初步设计，以符合施工需要，在已批准的初步设计基础上完成建筑、结构、水、暖、电的各项设计。现将两阶段的设计工作，简单介绍如下。

1. 初步设计阶段

（1）设计前的准备：根据建设单位提出的设计任务和要求，学习有关政策、规范，收集资料，调查研究。

（2）方案设计：主要通过设计说明书、总平面布置图、平面图、立面图、剖面图、透视图等图样全方位地表达设计意图。

（3）绘制初步设计图：方案设计交有关部门审批确定和通过后，需进一步将方案设计的构想转变为实际工程设计，通过对方案设计的"加工"，使之能满足工程上的各种需求，为下一步的施工图设计做好准备。例如，需要解决构件的选型、布置和各工种之间的配合等技术问题，以及落实各种相关的建筑规程规范。图样用绘图仪器或者计算机软件按一定比例精准绘制好后，再送交有关部门审批。

2. 施工图设计阶段

施工图设计主要是将已获批准的初步设计图具体化，以满足施工要求，为施工安装、编制施工图预算、安排材料和设备、制作非标准配构件提供完整正确的图纸。

施工设计图是对初步设计图的进一步补充和完善，需要将施工中的一些具体要求，明确地反映在这套图纸中，是建造房子的技术依据，是直接为施工服务的图样，整套图纸要求完整统一、尺寸齐全、明确无误。

二、建筑工程图的分类和编排顺序

一套完整的施工图，根据其专业内容或作用的不同，一般可分为以下几项：

（1）图纸目录：先列新绘制的图纸，后列所选用的标准图纸或重复利用的图纸。

（2）设计总说明：内容一般包括本工程施工图的设计依据，本工程的名称、建设地点、建设单位、设计规模和相关经济技术指标等。

（3）建筑施工图（简称建施）：包括总平面图、平面图、立面图、剖面图和构造详图，给建筑工程提供准确的建筑物的外形轮廓、大小尺寸、结构构造和材料做法。

(4)结构施工图(简称结施):包括结构平面布置图和各构件的结构详图,给建筑工程提供房屋建筑承受外力作用下的结构部分的全部构造的图纸。

(5)设备施工图(简称设施):包括给水排水、电气、采暖通风等设备的平面布置图和详图。

一套建筑工程施工图的图样按图纸目录、设计总说明、总平面图、建筑、结构、水暖、电等顺序编排,各专业施工图的编排顺序一般是总体图在前、局部图在后;先施工的图在前、后施工的图在后;基本图在前、详图在后;主要部分在前、次要部分在后。为了查阅方便,必须对每张图纸进行编号,一般按建筑施工图、结构施工图、设备施工图分类进行编号,如"建施1""建施2""结施1""结施2"等。

任务三　房屋建筑制图标准的相关规定

一、房屋建筑制图标准的相关规定

识读和绘制房屋的建筑施工图,应依据正投影原理,并应遵守《房屋建筑制图统一标准》(GB/T 50001—2017)的规定;在识读和绘制总平面图时还应遵守《总图制图标准》(GB/T 50103—2010)的规定;在识读和绘制建筑平面图、建筑立面图、建筑剖面图和建筑详图时还应遵守《建筑制图标准》(GB/T 50104—2010)的规定。

1. 图线

在建筑施工图中,为了表明不同的内容并使层次分明,须采用不同线型和线宽的图线来绘制,见表6-1。总的原则是剖切面的截交线和房屋立面图中的外轮廓线用粗实线,次要的轮廓线用中粗线,其他线一律用细线。再者,可见部分用实线,不可见部分用虚线。

表 6-1　建筑施工图中相关图线的线型、线宽及用途

线型名称	线宽	用途
粗实线	b	1. 平、剖面图中被剖切的主要建筑构造(包括构配件)的轮廓线; 2. 建筑立面图或室内立面图的外轮廓线; 3. 建筑构造详图中被剖切的主要部分的轮廓线; 4. 建筑构配件详图中的外轮廓线; 5. 平、立、剖面图的剖切符号
中粗实线	$0.7b$	1. 平、剖面图中被剖切的次要建筑构造(包括构配件)的轮廓线; 2. 建筑平、立、剖面图中建筑构配件的轮廓线; 3. 建筑构造详图及建筑构配件详图中的一般轮廓线
中实线	$0.5b$	小于 $0.7b$ 的图形线、尺寸线、尺寸界线、图例线、索引符号、标高符号、详图材料做法引出线、粉刷线、保温层线,地面、墙面的高差分界线等

线型名称	线宽	用途
细实线	0.25b	图例填充线、家具线、纹样线等
中粗虚线	0.7b	1. 建筑构造详图及建筑构配件不可见的轮廓线； 2. 平面图中的起重机(吊车)轮廓线； 3. 拟建、扩建的建筑物轮廓线
中虚线	0.5b	投影线、小于0.5b的不可见轮廓线
细虚线	0.25b	图例填充线、家具线等
粗单点长画线	b	起重机(吊车)轨道线
细单点长画线	0.25b	中心线、对称线、定位轴线
细折断线	0.25b	部分省略表示时的断开界线
细波浪线	0.25b	部分省略表示时的断开界线、曲线形构件的断开界线、构造层次的断开界线

注：地平线线宽可采用1.4b。

2. 比例

在建筑施工图中选用的各种比例，宜符合表6-2中的规定。

表6-2　建筑施工图的比例

图名	比例
总平面图	1∶300、1∶500、1∶1 000、1∶2 000
建筑物或构筑物的平面图、立面图、剖面图	1∶50、1∶100、1∶150、1∶200、1∶300
建筑物或构筑物的局部放大图	1∶10、1∶20、1∶25、1∶30、1∶50
配件及构造详图	1∶1、1∶2、1∶5、1∶10、1∶15、1∶20、1∶25、1∶30、1∶50

3. 定位轴线

建筑施工图中通常将确定房屋的基础、墙、柱和屋架等主要承重构件的轴线画出，并进行编号，以便于施工时定位放线和查阅图纸，这些轴线称为定位轴线。

定位轴线采用细单点长画线表示。定位轴线应编号，编号应注写在轴线端部的圆内。定位轴线圆应用细实线绘制，直径为8~10 mm，其圆心应在定位轴线的延长线或延长线的折线上。平面图上定位轴线的编号，一般宜标注在图样的下方或左侧。横向编号应用阿拉伯数字，按从左至右的顺序编写；竖向编号应用大写拉丁字母，按从下至上的顺序编写。拉丁字母作为轴线号时，应全部采用大写字母，不应用同一个字母的大小写来区分轴线号。拉丁字母的I、O、Z不得用于轴线编号，如图6-2所示。

对于非承重墙及次要的承重构件，有时用附加定位轴线表示其位置。其编号可用分数表示。分母表示前一轴线的编号，分子表示附加轴线的编号，用阿拉伯数字顺序编写。如图6-3所示，①号轴线或Ⓐ号轴线之前的附加轴线的分母应以01或0A表示。

在画详图时，如一个详图适用于几个轴线，应同时将各有关轴线的编号注明，如图6-4所示。

图 6-2　定位轴线示例

图 6-3　附加定位轴线

图 6-4　详图的定位轴线编号

4. 索引符号和详图符号

建筑施工图中某一局部或构件如无法表达清楚，通常将其用较大的比例放大画出详图。为方便施工时对照查阅图样，常常用索引符号和详图符号来反映基本图与详图之间的对应关系。

（1）索引符号。索引符号由直径为 8～10 mm 的圆和水平直径组成，圆及水平直径应以细实线绘制，如图 6-5（a）所示。索引符号应按下列规定编写：

1）索引出的详图如与被索引的详图同在一张图纸内，应在索引符号的上半圆中用阿拉伯数字注明该详图的编号，并在下半圆中间画一段水平细实线，如图6-5(b)所示。

2)索引出的详图如与被索引的详图不在同一张图纸内，应在索引符号的上半圆中用阿拉伯数字注明该详图的编号，在索引符号的下半圆用阿拉伯数字注明该详图所在图纸的编号，如图6-5(c)所示。数字较多时，可加文字标注。

3)索引出的详图如采用标准图，应在索引符号水平直径的延长线上加注该标准图册的编号，如图6-5(d)所示。需要标注比例时，文字在索引符号右侧或延长线下方，与符号下对齐。

图6-5 索引符号

索引符号如用于索引剖面详图，应在被剖切的部位绘制剖切位置线，并以引出线引出索引符号，引出线所在的一侧应为剖视方向。如图6-6(a)所示，从左向右剖视，详图为本张图纸中的1号详图；如图6-6(b)所示，从上向下剖视，详图为本张图纸中的2号详图；如图6-6(c)所示，从下向上剖视，详图为4号图纸中的3号详图；如图6-6(d)所示，从左向右剖视，详图为J103标准图集第5页中的4号详图。

图6-6 用于索引剖面详图的索引符号

(2)详图符号。详图的位置和编号应以详图符号表示。详图符号的圆直径为14 mm，应以粗实线绘制。详图应按下列规定编号：

1)详图与被索引的图样同在一张图纸内时，应在详图符号内用阿拉伯数字注明详图的编号，如图6-7(a)所示。

2)详图与被索引的图样不在同一张图纸内时，应用细实线在详图符号内画一水平直径，在上半圆中注明详图编号，在下半圆中注明被索引的图纸的编号，如图6-7(b)所示。

图6-7 详图符号

5. 引出线

在建筑施工图中，某些部位需要用文字说明或详图加以说明的，通常用引出线从该部位引出说明。引出线应以细实线绘制，宜采用水平方向的直线，或与水平方向成30°、45°、

60°、90°的直线，或经上述角度再折为水平线。文字说明宜注写在水平线的上方[图 6-8(a)]，也可注写在水平线的端部[图 6-8(b)]。索引详图的引出线应与水平直径线相连接。

图 6-8　引出线

同时引出的几个相同部分的引出线，宜互相平行[图 6-9(a)、(c)]，也可画成集中于一点的放射线[图 6-9(b)]。

图 6-9　共同引出线

多层构造或多层管道共用引出线，应通过被引出的各层，并用圆点示意对应各层。文字说明宜注写在水平线的上方，或注写在水平线的端部；说明的顺序应由上至下，并应与被说明的层次对应一致；如层次为横向排序，则由上至下的说明顺序应与由左至右的层次对应一致，如图 6-10 所示。

图 6-10　多层共用引出线

6. 标高

标高符号应以直角等腰三角形表示，按图 6-11(a)所示的形式用细实线绘制，如标注位置不够，也可按图 6-11(b)所示的形式绘制。标高符号的具体画法如图 6-11(c)、(d)所示。

图 6-11　标高符号

l—取适当长度注写标高数字；*h*—根据需要取适当高度

总平面图室外地坪标高符号，宜用涂黑的三角形表示，具体画法如图 6-12 所示。

图 6-12　总平面图室外地坪标高符号

标高数字应以"米"为单位，精确到小数点后第三位；在总平面图中，可精确到小数点以后第二位。零点标高应注写成±0.000，正数标高不注"＋"，负数标高应注"－"，如3.000、－0.600。标高数字应注写在标高符号的上侧或下侧。标高符号的尖端应指至被注高度的位置，尖端宜向下，也可向上，如图 6-13 所示。

在图样的同一位置需表示几个不同标高时，标高数字可按图 6-14 的形式注写。

图 6-13　标高的指向　　　　　**图 6-14　同一位置注写多个标高数字**

标高有绝对标高和相对标高之分。所谓绝对标高，是指以我国青岛市外的黄海海平面作为零点所测定的高度尺寸。在实际施工中，用绝对标高不方便，因此，习惯上常用将房屋底层的室内主要地面高度定为零点的相对标高，比零点高的标高为"正"，比零点低的标高为"负"。在施工总说明中，应说明相对标高与绝对标高之间的联系。

房屋的标高还有建筑标高和结构标高的区别。如图 6-15 所示，建筑标高是构件包括粉饰在内的、装修完成后的标高；结构标高则不包括构件表面的粉饰层厚度，是构件的毛面标高。

图 6-15　建筑标高与结构标高

7. 指北针

指北针通常绘制在总平面图和建筑首层平面图上。指北针的形状如图 6-16 所示。其圆的直径宜为 24 mm，用细实线绘制；指针尾部的宽度宜为 3 mm，指针头部应注"北"或"N"字样。需用较大直径绘制指北针时，指针尾部的宽度宜为直径的 1/8。

8. 常用建筑材料图例

常用建筑材料应按《房屋建筑制图统一标准》(GB/T 50001—2017)所规定的图例画法绘制。表 6-3 摘录了其中部分建筑材料图例。

图 6-16　指北针

表 6-3 常见建筑材料图例

序号	名称	图例	备注
1	自然土壤		包括各种自然土壤
2	夯实土壤		—
3	砂、灰土		—
4	石材		—
5	毛石		—
6	实心砖、多孔砖		包括普通砖、多孔砖、混凝土砖等砌体，断面较窄不易绘出图例线时，可涂红，并在图纸备注中加以说明，画出该材料图例
7	空心砖、空心砌块		包括空心砖、普通或轻骨料混凝土小型空心砌块等砌体
8	饰面砖		包括铺地砖、玻璃马赛克、陶瓷锦砖、人造大理石等
9	焦渣、矿渣		包括与水泥、石灰等混合而成的材料
10	混凝土		1. 包括各种强度等级、骨料、添加剂的混凝土；
11	钢筋混凝土		2. 在剖面图上绘制表达钢筋时，则不需绘制图例线； 3. 断面图形较小，不易绘制表达图例线时，可填黑或深灰(灰度宜70%)
12	多孔材料		包括水泥珍珠岩、沥青珍珠岩、泡沫混凝土、软木、蛭石制品等
13	纤维材料		包括矿棉、岩棉、玻璃棉、麻丝、木丝板、纤维板等
14	泡沫塑料材料		包括聚苯乙烯、聚乙烯、聚氨酯等多聚合物类材料
15	木材		上图为横断面，左上图为垫木、木砖或木龙骨；下图为纵断面

序号	名称	图例	备注
16	石膏板		包括圆孔或方孔石膏板、防火石膏板、硅钙板、防水石膏板等
17	金属		包括各种金属；图形较小时，可填黑或深灰（灰度宜70%）
18	玻璃		包括平板玻璃、磨砂玻璃、夹丝玻璃、钢化玻璃、中空玻璃、夹层玻璃、镀膜玻璃等
19	防水材料		构造层次多或绘制比例大时，采用上面的图例
20	粉刷		本图例采用较稀的点

9. 构造及配件图例

由于建筑平面图、立面图、剖面图常用的比例较小，图样中的一些构造和配件难以也不必要按其实际投影情况画出，只需用规定的图例表示即可。表 6-4 中摘录了《建筑制图标准》(GB/T 50104—2010)中规定的部分图例。

表 6-4　常用的构造及配件图例

名称	图例	备注
楼梯		1. 上图为顶层楼梯平面，中图为中间层楼梯平面，下图为底层楼梯平面。 2. 需设置靠墙扶手或中间扶手时，应在图中表示。 3. 楼梯的形式及步数应按实际情况绘制
坡道		长坡道
		两侧垂直的门口坡道
		两侧找坡的门口坡道

名称	图例	备注
台阶		
空门洞		h 为门洞高度
单面开启单扇门（包括平开或单面弹簧）		
双面开启单扇门（包括双面平开或双面弹簧）		
单面开启双扇门（包括平开或单面弹簧）		1. 门的名称代号用 M 表示。 2. 平面图中，下为外、上为内。门开启线为 90°、60° 或 45°，开启弧线宜绘出。 3. 立面图中，开启线实线为外开，虚线为内开。开启线交角的一侧为安装合页一侧。开启线在建筑立面图中可不表示，在立面大样图中可根据需要绘出。 4. 剖面图中，左为外、右为内。 5. 立面形式应按实际情况绘制
双面开启双扇门（包括双面平开或双面弹簧）		
折叠门		

名称	图例	备注
墙中单扇推拉门		1. 门的名称代号用 M 表示。 2. 立面形式应按实际情况绘制
墙中双扇推拉门		
固定窗		1. 窗的名称代号用 C 表示。 2. 平面图中，下为外，上为内。 3. 立面图中，开启线实线为外开，虚线为内开。开启线交角的一侧为安装合页的一侧。开启线在建筑立面图中可不表示，在门窗立面大样图中需绘出。 4. 剖面图中，左为外、右为内。虚线仅表示开启方向，项目设计不表示。 5. 附加纱窗应以文字说明，在平、立、剖面图中均不表示。 6. 立面形式应按实际情况绘制
上悬窗		
中悬窗		
下悬窗		
单层外开平开窗		

名称	图例	备注
单层内开平开窗		1. 窗的名称代号用 C 表示。 2. 平面图中，下为外，上为内。 3. 立面图中，开启线实线为外开，虚线为内开。开启线交角的一侧为安装合页的一侧。开启线在建筑立面图中可不表示，在门窗立面大样图中需绘出。 4. 剖面图中，左为外、右为内。虚线仅表示开启方向，项目设计不表示。 5. 附加纱窗应以文字说明，在平、立、剖面图中均不表示。 6. 立面形式应按实际情况绘制
双层内外开平开窗		
单层推拉窗		
上推窗		1. 窗的名称代号用 C 表示。 2. 立面形式应按实际情况绘制

二、识读建筑工程图的一般方法

一幢建筑物从施工到建成，需要有全套建筑施工图纸作指导。简单的建筑物可能有几张或十几张图纸，复杂的建筑物要画几十张甚至几百张施工图纸。阅读这些施工图纸要先从大方面看，然后再依次阅读细小部位，先粗看后细看。例如，对于单个建筑物要看清楚平面图的占地面积，对照立面图看外观及材料做法，配合剖面图看内部分层结构，最后看详图知道细部构造和具体尺寸与做法。

阅读结构施工图也要由粗到细，互相对照，仔细阅读，不可忽略每个细部构造，如预留孔洞、预埋支架等。若在识读建筑施工图和结构施工图时发现有矛盾，要以结构图中的尺寸为依据，以保证建筑物的强度和施工质量。因此，识读建筑施工图或结构施工图时，要注意下面几个问题：

(1)具备正投影原理的读图能力，掌握正投影基本规律，并会运用这种规律在头脑中将平面图形变成立体实物。同时，还要熟悉房屋建筑基本构造，明确比例和实物之间的倍数关系。

(2)建筑物的内、外装修做法及构配件所使用的材料种类繁多，它们都是按照建筑制图国家标准规定的图例符号表示的，因此，必须熟悉各种图例符号。

（3）图纸上的线条、符号、数字应互相核对，要把建筑施工图中的平面图、立面图、剖面图和详图查阅清楚，还要与结构施工图中的所有相应部位核对一致，才能把全部图纸读懂。

➤ 项目小结

本项目主要介绍了房屋建筑的组成、建筑工程图纸的分类与编排、建筑制图标准的相关规定等。

（1）房屋建筑一般由基础、楼地面、墙与柱、楼梯、门窗、屋顶等部分组成。

（2）一套房屋建筑工程图根据专业和分工不同分为"建施""结施""设施"。

（3）房屋建筑制图标准对于图线、比例、定位轴线、索引符号、标高、图例等都做了统一的规定。熟悉规定有助于准确识图、绘图。

（4）总结识读房屋建筑图的一般方法。

➤ 思考与练习

1. 房屋的基本组成有哪些？各有何功能？
2. 简述房屋建筑工程图所包含的图样及编排顺序。
3. 简述定位轴线、索引符号和详图符号、引出线、标高符号、指北针的含义及规定。
4. 简述识读建筑工程图的一般方法。
5. 观察周围的建筑，哪些是你之前不知道的构件和构造？
6. 搜集或拍摄一些房屋建筑构配件及构造做法的图片，拍照收集。

项目七　建筑施工图

知识目标

　　建筑施工图是根据正投影方法和相关专业知识绘制的工程图样，完整地表达一幢拟建房屋的规划位置、外部造型、内部布置、内外装修、细部构造、固定设施及施工要求等内容，其是用来指导施工的图样，称为房屋的建筑施工图，简称建施图。

　　通过本项目的学习，使学生了解建筑施工图的组成、用途，以及总平面图、建筑平面图、建筑立面图、建筑剖面图、建筑详图的图示内容和相关规定。

能力目标

　　能识读并绘制总平面图、建筑平面图、建筑立面图、建筑剖面图、建筑详图。

任务一　图纸目录、设计总说明

　　在施工图的编排中，通常将图纸目录作为整套施工图的首页，将建筑设计总说明作为第二页，然后是建筑装修及工程做法、门窗表等。

一、图纸目录

　　图纸目录用表格的形式列出了全套图纸的类别、编号、图名及备注等内容，以便对整套图纸有一个全面的了解，同时也方便查阅图纸。如有采用标准图，应写出使用的标准图的名称及所在标准图集的图号或页次。

二、建筑设计总说明

　　建筑设计总说明是施工图样的必要补充，主要是对图样中未能表达清楚的内容用文字加以详细说明。其内容一般包括以下几项：

　　(1)本工程施工图的设计依据。

　　(2)本工程的名称、建设地点、建设单位、设计规模和相关经济技术指标。

　　(3)本工程的建筑工程等级、设计使用年限、建筑层数和建筑高度、防火设计，以及建筑分类和耐火等级、人防工程，以及相关等级、屋面防水等级、地下室防水等级、抗震设防烈度等。

（4）本工程的相对标高与总图绝对标高的对应关系。

（5）本工程室内外的用料说明和相关建筑构造的标准做法，如砖强度等级、砂浆强度等级、墙身防潮层、地下室防水、屋面防水、勒脚、散水、台阶、室内外装修等做法。

（6）本工程的门窗表及门窗性能（防火、隔声、防护、抗风压、保温、空气渗透、雨水渗透等），用料、颜色、玻璃和五金件等设计要求。

（7）本工程的幕墙工程（包括玻璃、石材、金属等）的性能、制作要求及防火、隔声、安全的构造要求。

（8）本工程的设备要求，如电梯、自动扶梯、厨卫洁具、灯具等。

（9）本工程的相关补充说明。例如，对于楼板或墙体预留孔洞需要封堵的封堵方式说明；阳台栏杆、落地玻璃的防护措施和做法要求；采用新技术、新材料或有特殊要求的做法说明等（如屋顶采用玻璃顶或膜结构）。

下面摘录的是某别墅的建筑施工图图纸目录（图 7-1）和设计总说明。

×××××建筑设计院
图纸目录

工程名称：　×××××　　　　　　　　　工程编号：　××-×-××
子项名称：　10#栋　　　　　　　　　　　子项编号：
专业名称：　建筑　设计阶段：　施工图　建筑面积：　×××m²　工程造价：
　　　　　　　　　　　　　　　日　　期：　2016.10　　页　次：　第1页，共1页

序号	图号	图名	版号	日期	备注
1	A-00	图纸目录	0	2016.10	
2	A-01	总图	0	2016.10	
3	A-02	建筑施工图设计总说明	0	2016.10	
4	A-03	门窗表	0	2016.10	
5	A-04	建筑节能设计总说明	0	2016.10	
6	A-05	负一层平面图	0	2016.10	
7	A-06	一层平面图	0	2016.10	
8	A-07	二层平面图	0	2016.10	
9	A-08	三层平面图	0	2016.10	
10	A-09	标高9.1 m层平面图	0	2016.10	
11	A-10	屋顶平面图	0	2016.10	
12	A-11	①～⑰立面图	0	2016.10	

图 7-1　某别墅的建筑施工图图纸目录

建筑施工图设计总说明（摘录）

一、施工图设计依据

1.设计委托书、合同书以及甲方的有关使用要求的文件。

2.甲方认可并已获得政府职能管理部门批准的方案和初步设计文件。

3.现行的国家、省市有关建筑设计规范、规程、规定和标准，以及国家有关工程施工及验收规范，主要有：

(1)《住宅设计规范》(GB 50096—2011)。

(2)《建筑设计防火规范(2018 年版)》(GB 50016—2014)。

(3)《民用建筑设计统一标准》(GB 50352—2019)。

(4)《住宅建筑规范》(GB 50368—2005)。

二、工程概况

1. 建筑名称：××××小区 10#、11#、13#、14#栋住宅；建设地点：××市××××小区；建设单位：××市××房地产有限公司。

2. 建筑占地面积：386.6 m²。

3. 建筑设计使用年限为 50 年。

4. 建筑层数为 4 层住宅楼。

5. 建筑高度为 10.61 m。

6. 建筑耐火等级为二级。

7. 主要结构类型为框架结构；抗震设防烈度为 6 度。

8. 屋面防水等级为二级。

三、设计坐标和标高

1. 总图中建构筑物、道路坐标采用的测量坐标系网，绝对标高高程基准如下：(√为本工程选用)。

□独立坐标系　□北京坐标系　☑1956 年黄海高程基准　□85 高程基准

2. 建筑设计标高其室内地坪相对标高±0.000 详见总图。

3. 图中各层标注标高为建筑完成面标高，屋面标高为结构面完成标高，露台标高为结构面完成标高。

4. 本工程标高以米(m)为单位，总平面尺寸以米(m)为单位，其他尺寸以毫米(mm)为单位。

四、防火设计

五、建筑节能设计

六、建筑构造说明

(一)墙体工程

1. 材料：内墙、外墙、楼梯间墙用烧结多孔砖。

墙厚：外墙厚度为 240 mm，内墙厚度为 240 mm，楼梯间墙厚度为 240 mm，分户墙厚度为 240 mm，厨厕墙厚度为 240 mm。

2. 建筑外墙、内隔墙应砌至梁板底部，并不应留有缝隙。所有填充墙与梁、板、柱相接处的内外墙粉刷及两种不同材料交接处的粉刷，应根据饰面材质不同在做饰面前加射钉固定绷紧金属网(每边铺设宽度大于 250 mm)或在施工中加贴宽度为 250 mm 的涂塑耐碱玻璃丝网格布，表面用抗裂砂浆抹平，以盖住玻纤布为准，防止开裂。

3. 预埋在柱、梁、墙内的管件、预埋件和孔洞均应在浇捣混凝土前和砌筑时就位，建施图中未标注的，施工时应见结施和设备图并且配合留洞，切勿遗漏。待管道设备安装完毕后，用非燃烧材料将缝隙紧密填塞。

4. 除施工图中注明外，墙体开门处墙垛宽均为 120 mm。柱边处的墙垛其柱应甩出拉筋加强连接，详见结施图。

（二）墙体防水及墙体防裂工程

（三）楼地面防水工程和其他

（四）屋面防水工程

（五）门窗工程、幕墙工程

（六）楼梯栏杆、防护栏杆、窗台板工程

1. 楼梯间栏杆、护窗栏杆、扶手、踏步防滑等构造做法详见室内装修表，参见 05ZJ401。

2. 楼梯、阳台、外廊、室内回廊栏杆临空高度在 24 m 以下时，防护栏杆高度应大于 1.05 m，特别是允许少儿进入的专用活动场所、中高层住宅、临空高度在 24 m 以上时，或楼梯水平段栏杆长度大于 0.5 m 时，其防护栏杆高度不应小于 1.1 m。楼梯栏杆垂直杆件高 0.9 m，垂直杆件间净距不应大于 0.11 m。

（七）阳台工程

1. 砖砌栏板用 MU10 半砖，强度等级为 M7.5 的混合砂浆砌筑，砖砌栏板钢筋混凝土压顶嵌入房屋墙体大于 120 mm；栏板转角处设钢筋混凝土构造柱 120 mm×120 mm，内置 4φ12 mm 钢筋，钢筋锚入梁（板）350 mm，箍筋为 φ4@150，强度等级为 C20 的混凝土，间距＜3.6 m。

2. 开敞阳台、露台等地面做聚合物防水砂浆，地面应低于相邻房间＞50 mm，排水做法详见 98ZJ411 50 页。

3. 住宅阳台由住户自装"手动升降晒衣架"成品。

（八）吊顶工程

七、室内装修工程

1. 室内装修工程执行《建筑内部装修设计防火规范》（GB 50222—2017），楼地面部分执行《建筑地面设计规范》（GB 50037—2013），一般装修详见建施02"工程做法一览表"，此表不含二次装修设计要求的内容。二次装修设计，其装修设计不得破坏消防分区及设施。二次装修设计应征求设计方意见，并须报人防、消防等部门审批后才能用于施工。

2. 室内装修选用的各项材料均由施工单位制作样板和选样，经确认后进行封样，并据此进行验收。

八、油漆涂料工程

1. 外木（钢）门窗油漆选用浅绿色调和漆，做法为 05ZJ001 涂 1 页 87；内木门窗油漆选用浅黄色调和漆，做法为 05ZJ001 涂 1 页 87。

2. 各项油漆均由施工单位制作样板，经确认后进行封样，并据此进行验收。

九、室外装修工程（室外设施）

1. 外墙装修详见立面图及外墙详图，所选用的各种石材、面砖、挂板、涂料等材料，除有出厂合格证和检测报告外，实际材料到货后，须抽样送检，检测合格后才能使用。装饰面均由施工单位提供样板，由设计和建设单位确认后进行封样，并据此验收。

2. 砖外墙面防水设防要求用厚度为 20 mm 的防水砂浆或厚度为 7 mm 的聚合物水泥砂浆抹面再做饰面层。外墙饰面砖应用聚合物水泥砂浆粘贴，并满浆勾缝封严。外墙面凸窗顶板面水泥砂浆均采用聚合物水泥砂浆（外墙外保温构造做法另详）。

十、建筑设备、设施工程

卫生洁具、成品隔断由建设单位与设计单位商定，并应与施工配合；厨房设备由建设方确定；灯具、送回风口等影响美观的器具须经建设单位与设计单位确认样品后，方可批量加工、安装；门窗过梁见结施有关图纸。

十一、其他工程

1. 厨房、卫生间排气道均选用国标《住宅排气道》(16J916—1)设计图。平面设计图中厨房排烟道、卫生间通气道预留洞尺寸和选型见厨房、卫生间大样图中所示，并应根据产品实际断面尺寸施工前进行调整。另外，上、下水管道安装时不得将通风道挡住，若有遮挡时，应及时调整管线标高。

2. 本设计图中轻钢结构部分仅作示意，须另行委托有相关资质单位设计，并做好保温及防排水设计，经本设计院确认后方可制作安装；承包商进行二次设计轻钢结构、装饰物等，经确认后，向本设计单位提供预埋件的设置要求。

十二、其他补充说明

1. 本总说明中的做法为本工程图纸中的通用做法，如其他图纸另有注明，以该图纸中的注明为准。

2. 施工前应熟悉和核对各专业图纸，做好洞口的预留、预埋件的安装或预埋等工作，避免遗漏。

3. 本说明未尽事宜，须严格按照国家建筑施工安装工程验收规范执行，本施工图未经本设计单位和设计人员的同意不得擅自修改。凡设计中的未尽事宜或错、漏、碰、缺、不详等处，请在施工中尽快与设计方取得联系共同协商解决。

三、工程做法表

工程做法表是用表格的形式详细说明建筑物各部位的名称、构造做法。如采用标准图集做法应注明所采用的标准图集的代号、做法编号，如有改变，应在备注中加以说明。该别墅的建筑工程做法见表7-1。

表7-1　工程做法表

类别	名称	建筑构造做法	适用部位	备注
外墙	面砖外墙面	见 05ZJ001 $\frac{外墙13}{67}$	部位详见立面图	
	涂料外墙面	见 05ZJ001 $\frac{外墙24}{70}$	部位详见立面图	
踢脚	水泥砂浆踢脚	05ZJ001 $\frac{踢5}{35}$	所有房间踢脚	踢脚高120
室内楼梯	详见 a—a 剖面注释			
顶棚1	混合砂浆顶棚	05ZJ001 $\frac{顶3}{75}$	除卫生间等有水房间外所有顶棚	

类别	名称	建筑构造做法	适用部位	备注
顶棚2	水泥砂浆顶棚	05ZJ001 顶4/75	卫生间等有水房间顶棚	
地面1	细石混凝土防潮地面	05ZJ001 地62/21	除卫生间等有水房间外所有地面	
地面2	陶瓷地砖地面	05ZJ001 地19/10	卫生间等有水房间地面	
楼面	水泥砂浆楼面	05ZJ001 楼1/23	所有楼面	
内墙1	混合砂浆墙面	05ZJ001 内墙4/45	除卫生间等有水房间外所有内墙	
内墙2	釉面砖墙面	05ZJ001 内墙8/46	卫生间等有水房间内墙	
屋1 平屋面（上人有保温层）	平屋面	05ZJ001 屋20/115	屋1	
屋2 平屋面（不上人有保温层）	平屋面	05ZJ001 屋15/16	屋2	
屋3 坡屋面（不上人有保温层）	坡屋面	05ZJ211 屋5/16	屋3	
地下室	地下室防水	05ZJ001 地防3/135	地下室	
坡道	车库坡道	98ZJ901 4/19	坡道	

四、门窗表

门窗表是对建筑物所有不同类型的门窗进行统计，然后列表说明门窗的数量、材料、开启类型、规格尺寸等，以备施工、预算需求。该别墅的门窗表详见表7-2。

表 7-2　门窗表

类别	设计编号	洞口尺寸/mm		樘数	采用标准图集及编号		备注
		宽	高		图集代号	编号	
门	M1	900	2 100	28	98ZJ681	GJM301-0921	夹板门
	M2	1 000	2 100	4			多功能户门　甲方自定
	M3	800	2 100	12	98ZJ681	GJM301-0821	夹板门
窗	C1	1 200	1 800	8	详见大样		铝合金推拉窗
	C2	1 200	1 950	4	详见大样		铝合金推拉窗
	C3	1 200	1 500	64	详见大样		铝合金推拉窗
	C4	1 800	1 500	4	详见大样		铝合金推拉窗
	C5	450	1 500	16	详见大样		铝合金平开窗
	C6	960	400	2	详见大样		铝合金推拉窗
	C7	1 080	400	4	详见大样		铝合金推拉窗
	C8	1 980	400	6	详见大样		铝合金推拉窗
	C9	2 580	400	2	详见大样		铝合金推拉窗
	C10	3 780	400	4	详见大样		铝合金推拉窗
	C11	2 780	400	4	详见大样		铝合金推拉窗
卷帘门	JLM1	3 000	2 200	4			成品
推拉门	TM1	1 500	2 100	4	详见大样		塑钢推拉门
	TM2	2 100	2 000	4	详见大样		塑钢推拉门
	TM3	2 400	2 400	8	详见大样		塑钢推拉门
	TM4	2 060	2 100	4	详见大样		玻璃推拉门甲方自定
	TM5	1 560	2 400	4	详见大样		塑钢推拉门
	TM6	1 800	2 200	8	详见大样		塑钢推拉门
	TM7	3 000	2 100	4	详见大样		塑钢推拉门

任务二　建筑总平面图

建筑总平面图是表示一个工程的总体布局，是在基地一定范围内的地形图上画出拟建建筑物与原有建筑物外轮廓的水平投影图。建筑总平面图能反映出拟建建筑物的平面形状、位置、朝向及与基地周围环境的关系。因此，建筑总平面图是拟建建筑物的施工定位、施工放样、土方施工及基地管线布置和施工总平面设计的依据。本任务要求学生掌握识读建筑总平面图的方法，并对图7-2某别墅总平面图进行识读。

总图识读

图 7-2　某别墅总平面图

一、建筑总平面图基本内容

(1)保留的地形和地物。

(2)测量坐标网、坐标值。

(3)场地范围的道路红线、建筑控制线、用地红线等的位置。

(4)场地四邻原有及规划的道路、绿化带等的位置(主要坐标或定位尺寸)。

(5)主要建筑物和构筑物及地下建筑物(人防工程、地下车库、储水池等隐蔽工程以虚线表示)等的位置、名称、层数、定位(坐标或相互关系尺寸)。

(6)广场、停车场、运动场地、道路、围墙、无障碍设施、排水沟、挡土墙、护坡等的定位(坐标或相互关系尺寸)。

(7)指北针或风玫瑰图。

(8)建筑物、构筑物使用编号时，应列出"建筑物和构筑物名称编号表"。

(9)注明尺寸单位、比例、坐标及高程系统(如为场地建筑坐标网，应注明与测量坐标网的相互关系)、补充图例等。

二、建筑总平面图绘制要求

(1)根据国家《总图制图标准》(GB/T 50103—2010)规定,总平面图应采用 1∶500、1∶1 000、1∶2 000 的比例绘制。

(2)拟建建筑物用粗实线绘制,其周围的环境用细实线绘制。

(3)总平面图中以米为单位标注出定位尺寸,标注到小数点后两位。

(4)总平面图中标高的数值均为绝对标高。绝对标高是指以我国青岛市以外的黄海海平面作为零点所测定的高度尺寸。建筑物首层室内地面标高是根据其所在位置的前后等高线的标高,并估算到挖填土方基本平衡决定的。如果图上没有等高线,可根据原有建筑物或道路的标高来确定。

三、建筑总平面图常用图例

总平面图上的房屋、道路、桥梁、绿化等内容都应符合规定的总平面图图例(表 7-3),如采用特殊图例则应列出并说明。

表 7-3　总平面图中常见的图例

序号	名称	图例	备注
1	新建建筑物	$X=$ $Y=$ ① 12F/2D $H=59.00$ m	新建建筑物以粗实线表示与室外地坪相接处±0.000外墙定位轮廓线。建筑物一般以±0.000 高度处的外墙定位轴线交叉点坐标定位。轴线用细实线表示,并标明轴线号。根据不同设计阶段标注建筑编号,地上、地下层数,建筑高度,建筑出入口位置(两种表示方法均可,但同一图纸采用一种表示方法)。地下建筑物以粗虚线表示其轮廓。建筑上部(±0.000 以上)外挑建筑用细实线表示。建筑物上部连廊用细虚线表示并标注位置
2	原有建筑物		用细实线表示
3	计划扩建的建筑物或预留地		用中粗虚线表示
4	拆除的建筑物		用细实线表示
5	建筑物下面的通道		—

序号	名称	图例	备注
6	围墙及大门		—
7	坐标	1. $X=105.00$ $Y=425.00$ 2. $A=105.00$ $B=425.00$	1. 表示地形测量坐标系; 2. 表示自设坐标系,坐标数字平行于建筑标注
8	方格网交叉点标高	-0.50 | 77.85 / 78.35	"78.35"为原地面标高;"77.85"为设计标高;"-0.50"为施工高度;"$-$"表示挖方("$+$"表示填方)
9	填挖边坡		—
10	室内地坪标高	151.00 ∇ (±0.00)	数字平行于建筑物书写
11	室外地坪标高	▼ 143.00	室外标高也可采用等高线
12	新建的道路	0.30% 100.00 $R=6.00$ 107.50	"$R=6.00$"表示道路转弯半径;"107.50"为道路中心线交叉点设计标高,两种表示方式均可,同一图纸采用一种方式表示;"100.00"为变坡点之间距离;"0.30%"表示道路坡度;→表示坡向
13	原有道路		—
14	计划扩建的道路		
15	桥梁		上图为公路桥;下图为铁路桥;用于旱桥时需标注
16	常绿针叶乔木		—

序号	名称	图例	备注
17	常绿阔叶乔木		—
18	常绿阔叶灌木		—
19	落叶阔叶灌木		—
20	草坪	1. 2. 3.	1. 草坪； 2. 自然草坪； 3. 人工草坪
21	花卉		—

由图 7-2 所示的某别墅的总平面图，该图绘制比例为 1：500。图上部加粗的轮廓线为本工程项目，即编号为 10♯ 的楼。本工程位于山地，地形状况北高南低。此楼即位于总图北面，占地尺寸为 32.0 m×14.1 m，位于①轴上角点的 X 坐标为 69 399.972，Y 坐标为 45 757.389，位于⑰轴上的角点 X 坐标为 69 404.206，Y 坐标为 45 789.108。此建筑坐北朝南，由图中 10♯ 楼标注 3F 可知其层数为三层。10♯ 楼标高符号上方和下方有两个标高数据，其中±0.000 代表室内相对标高，81.90 代表它的绝对标高。此楼西面为三层的 9♯ 楼；北面为坡地，无建筑物；东面为三层的 11♯ 楼；南边临小区道路，道路中心线绝对标高为78.80，周围绿化良好。

任务三　建筑平面图

建筑平面图是建筑施工图的基本样图，它是假想用一水平剖切面沿建筑的窗洞口位置（位于窗台稍高一点）将房屋水平剖切，对剖切面以下部分所作的水平投影图。平面图主要反映房屋的平面形状、大小、房间布置、墙（或柱）的位置、尺寸、材料和做法，楼梯和走廊的安排，以及门窗的类型、位置等内容。在建筑施工过程中，放线、砌墙、安装门窗、装修及编制预算、备料等都要用到建筑平面图。本任务要求学生掌握识读和绘制建筑平面图的方法。

一、建筑平面图基本内容

(1)承重墙、柱及其定位轴线和轴线编号，内外门窗位置、编号及定位尺寸，门的开启方向，注明房间名称或编号等。

房屋平面图形成

(2)轴线总尺寸(或外包总尺寸)、轴线间尺寸(开间进深尺寸)、门窗洞口尺寸、分段尺寸。

(3)墙身厚度(包括承重墙和非承重墙)，柱截面尺寸及其与轴线关系尺寸；当围护结构为幕墙时，标明幕墙与主体结构的定位关系；玻璃幕墙部分标注立面分格间距的中心尺寸。

(4)主要建筑设备和固定家具的位置及相关做法索引，如卫生器具、雨水管、水池、台盆、橱柜、隔断等。

(5)电梯、自动扶梯及步道(注明规格)、楼梯位置和楼梯上下方向示意和索引。

(6)主要结构和建筑构造部件的位置、尺寸和做法索引，如中庭、天窗、地沟、地坑、重要设备或设备机座的位置尺寸、各种平台、夹层、人孔、阳台、雨篷、台阶、坡道、散水、明沟等。

(7)楼地面预留孔洞和通气管道、管线竖井、烟囱、垃圾道等位置、尺寸和做法索引，以及墙体(主要为填充墙、承重砌体墙)预留洞的位置、尺寸与标高或高度等。

(8)室外地面标高、底层地面标高、各楼层标高、地下室各层标高。

(9)底层平面标注剖切线位置、编号及指北针。

(10)有关节点详图或构造详图索引符号。

(11)屋顶平面图应有女儿墙、檐口、天沟、坡度、坡向、雨水口、屋脊(分水线)、变形缝、楼梯间、水箱间、电梯机房、天窗挡风板、屋面上人孔、检修梯、室外消防楼梯及其他构筑物，必要的详图索引符号、标高等；表述内容单一的屋面可缩小比例绘制。

(12)图纸名称、比例。

二、建筑平面图绘制要求

(1)根据国家标准《建筑制图标准》(GB/T 50104—2010)规定，平面图宜选用1∶50、1∶100、1∶200的比例绘制。

(2)各层平面图中的楼梯、门窗、卫生设备等均采用《建筑制图标准》(GB/T 50104—2010)规定的图例表示。门窗还应编号，用M、C分别表示门窗代号，后面的数字为门窗编号。

(3)凡是被剖切到的墙、柱等截面轮廓线用粗实线(b)绘制，门扇的开启示意线用中粗实线($0.5b$)绘制。

(4)凡是承重墙、柱子、梁等主要承重构件应画出定位轴线。一般承重墙、柱及外墙编为主轴线，非承重隔墙等编为附加轴线。

(5)建筑平面图中尺寸以毫米(mm)为单位，标高以米(m)为单位。

(6)平面图上标注的尺寸有外部尺寸和内部尺寸两种。外部尺寸要有三道，包括最外面的总尺寸、中间标注开间和进深的轴线尺寸、标注外门窗洞口的细部尺寸。内部尺寸应标注房内墙门窗洞口、墙厚及轴线的关系、门垛等细部尺寸。底层平面图中还应标注室外台阶、散水、花池等尺寸。

（7）一般情况下，多层房屋均应画出各层平面图，并注明相应图名。如果上下楼层的房间数量、大小和布置一样，相同的楼层可以用"标准层平面图"来表示。

（8）比例为1∶50的平面图断面应画出材料图例和抹灰层的面层线，当采用1∶100或1∶200的比例时，断面材料图例可以简化，抹灰层的面层线可省略。

三、案例识读

本案例为一联排别墅，其地下一层，地上三层，各层布置均不一样，各层均应绘制平面图。本处只摘录一层平面图和屋顶平面图，并对其进行识读。

1. 楼层平面图

如图7-3所示，此一层平面图（也可以叫作首层平面图），比例为1∶100，建筑面积为386.6 m²。由图中指北针可知，本例房屋坐北朝南。

由图可知，轴线处均有墙、柱通过。横向轴线为①～⑰，竖向轴线为Ⓐ～Ⓖ。其中Ⓐ̸为Ⓐ轴线前第一条附加轴线。外墙厚度为240 mm，未标注墙厚处墙厚均为240 mm，未标注门垛垛宽为120 mm。图中粗实线表示的均是被剖切到的墙身的断面，纵横墙交接处涂黑的是钢筋混凝土柱。

由图可知该别墅一层房间的平面布置情况。客厅的开间是4 500＋1 200＝5 700(mm)，卫生间的开间是2 300 mm，餐厅的开间是4 500 mm，厨房的开间是2 700 mm，卧室的开间是3 500 mm。客厅和卫生间的进深同为4 500 mm，餐厅的进深是3 600 mm，厨房的进深是1 500＋1 200＝2 700(mm)，卧室的进深是1 500＋1 200＋1 500＝4 200(mm)。

该别墅±0.000定在餐厅楼面处。客厅楼面标高是－0.450 m，表示客厅部分比厨房低出450 mm，在此处设置有三级台阶，每个踏面宽度是300 mm。而入户平台楼面标高是－0.500 m，即表示该楼面比客厅楼面低50 mm。

图中还可看出此层门窗的型号、数量及位置。例如，窗C1宽度为1 200 mm，窗边距离轴线为750 mm。厨房部分的推拉门宽度为1 500 mm，平墙垛安装。

图中未能清楚标注的孔洞尺寸和配套构件，在图外用文字说明，例如，D1φ80穿墙管，洞底距室内地面300 mm，D2φ80穿墙管，洞底距楼面1 800 mm，空调冷凝水设φ50立管集中排放。

根据国家标准中有关施工图设计深度的要求，建筑中一些复杂和关键的部位，如楼梯、厨房、卫生间、外墙身等，应拿出来用更大比例的图来绘制。因此，可以看到图中相关的详图索引符号。另外，还有画出剖面图的剖切符号，如图中的1—1，以便与剖面图对照查阅。

2. 屋顶平面图

图7-4所示为该别墅的屋顶平面图，比例为1∶100。由图可知，屋面为同坡屋面，屋顶四周有檐沟，纵向排水坡度为1%，有9个下水口。根据图中的详图索引符号可知屋脊、屋面所套用的标注图集，檐口做法参见的详图。

一层平面图 1:100
S=386.6 m²

图 7-3 一层平面图

别墅平面图识读

屋顶平面图1:100

图7-4 屋顶平面图

任务四　建筑立面图

建筑立面图是建筑物不同方向立面的正投影图。建筑立面图主要表示建筑物的外部形状、主要建筑构件标高及外墙面装饰要求等的图样，按方向分为南立面图、北立面图、东立面图、西立面图。通常把建筑的主入口或反映建筑外貌主要特征的立面称为正立面图，其他立面根据其

房子立面图形成

相对位置称为背立面图和左、右侧立面图。有定位轴线的建筑物，也可以按立面两端的轴线编号来确定立面图的名称，如①～⑧立面图。本任务要求学生掌握识读和绘制建筑立面图的方法。

一、建筑立面图基本内容

(1)立面外轮廓及主要结构和建筑构造部件的位置，如女儿墙顶、檐口、柱、变形缝、室外楼梯和垂直爬梯、室外空调机搁板、外遮阳构件、阳台、栏杆、台阶、坡道、花台、雨篷、烟囱、勒脚、门窗、幕墙、洞口、门头、雨水管，及其他装饰构件、线脚和粉刷分格线等。

(2)建筑的总高度、楼层位置辅助线、楼层数和标高及关键控制标高的标注，如女儿墙或檐口标高等；外墙的留洞应标注尺寸与标高或高度尺寸（宽×高×深及定位关系尺寸）。

(3)平面图、剖面图未能表示出来的屋顶、檐口、女儿墙、窗台及其他装饰构件、线脚等的标高或尺寸。

(4)在平面图上表达不清的窗编号。

(5)各部分装饰用料名称或代号，剖面图上无法表达的构造节点详图索引。

(6)主要结构和建筑构造部件的位置、尺寸和做法索引，如中庭、天窗、地沟、地坑、重要设备或设备机座的位置尺寸、各种平台、夹层、人孔、阳台、雨篷、台阶、坡道、散水、明沟等。

(7)图纸名称、比例。

二、建筑立面图绘制要求

(1)根据国家《建筑制图标准》（GB/T 50104—2010）规定，立面图宜选用1∶50、1∶100、1∶200的比例绘制。

(2)立面图上水平方向一般不标注尺寸，只画出两端墙的定位轴线及编号。

(3)建筑物的立面图外轮廓线用粗实线(b)，室外地坪线用加粗实线($1.4b$)。轮廓线内可见的墙、门窗洞口、窗台、阳台、雨篷、台阶、花池等轮廓线用中粗实线($0.7b$)，门窗分隔线、栏杆、雨水管、墙面分隔线、墙面装饰注释引出线、标高符号用中实线($0.5b$)，填充图例线、轴线用细实线($0.25b$)。

(4)各个方向的立面应绘制齐全，但差异小、左右对称的立面或部分不难推定的立面可简略；内部院落或看不到的局部立面，可在相关剖面图上表示，若剖面图未能表示完全时，则需单独绘制。

三、案例识读

如图7-5所示，从图名或轴线的编号可知该图为别墅的南立面图，比例与平面图一样为1∶100。

从立面图上可以看到整个建筑的外形和轮廓，如该别墅的屋顶为坡屋顶，屋顶下部有一圈采光高窗；下部各层都有阳台或露台，以及栏杆、栏板的造型；底层有室外楼梯通至地面上；负一层有一个车库的门。此外，还可以看到各个门窗形状、大小和位置。

从图上可知立面图同平面图一样也分为外部标注和内部标注。

(1)外部标注。该别墅左右共有三道尺寸和相关的标高。最外面的一道表示建筑总高尺寸，其总高为12.40 m。中间一道表示各层高度尺寸，如负一层为2.65 m，首层为3.45 m、二层为3.00 m，三层为3.30 m。最里面一道为门窗尺寸，表示靠最外侧各层门窗的高度，如最左侧和最右侧、首层和二层落地推拉门高度均为2.40 m，第三层落地推拉门高度为2.10 m。标高同平面图中一样，都是相对于±0.000而定，可以对照平面图来看。

(2)内部标注。在立面图的内部出现的门窗、各构件等外部尺寸无法标注清楚的地方，需要增加内部标注。一般习惯在进行内部标注时，仅注写标高，而不注写尺寸，如第三层内部的窗洞口上部标高为8.40 m、下部标高为6.90 m，两者相减可知该处窗高为1.50 m。

从图上外墙装饰图例和文字说明，可以了解到外墙各个部分的装饰材料，其具体做法应查阅建筑设计说明和建筑构造做法表。如负一层、一层及局部二层的外墙采用浅黄色文化石，局部二层和三层的外墙采用淡黄色真石漆，屋顶采用灰色平瓦。

此图中的阳台和露台的栏杆都标有详图索引符号，表示将在另外的建筑施工图纸中详细绘制。

某别墅南立面图 1:100

图7-5 某别墅南立面图

别墅立面图识读

任务五　建筑剖面图

建筑剖面图是假想用垂直于外墙的铅垂剖切面将建筑剖开，移除一部分，对余下部分向垂直平面作正投影所得到的剖视图。剖面图用来表示建筑内部结构形式、空间分隔情况、房间的开间（或进深），建筑主要构件的材料、位置及相互关系，屋面、楼层及地面的构造做法等内容。建筑剖面图是与建筑平面图、立面图相互配合表达建筑的重要图样之一。本任务要求学生掌握识读建筑剖面图的方法，并对图 7-6 某别墅 1—1 剖面图进行识读。

房屋剖视图形成

一、建筑剖面图基本内容

（1）剖切到或可见的主要结构和建筑构造部件，如室外地面、底层地（楼）面、地坑、地沟、各层楼板、夹层、吊顶、屋架、屋顶、烟囱、天窗、挡风板、檐口、女儿墙、爬梯、门窗、外遮阳构件、楼梯、台阶、坡道、散水、平台、阳台、雨篷、洞口及其他装修可见的内容。

（2）外部尺寸：门、窗、洞口高度，层间高度，室内外高差，女儿墙高度，阳台栏杆高度，总高度；内部尺寸：地坑（沟）深度、隔断、内窗、洞口、平台、吊顶等。

（3）主要结构和建筑构造部件的标高，如室内地面、楼面（含地下室）、平台、雨篷、屋面板、屋面檐口、女儿墙顶、高出屋面的建筑物、构筑物及其他屋面特殊构件等的标高，室外地面标高。

（4）墙、柱、轴线和轴线编号。

（5）节点构造详图索引符号。

（6）图纸名称、比例。

二、建筑剖面图绘制要求

（1）根据国家《建筑制图标准》（GB/T 50104—2010）规定，剖面图宜选用 1∶50、1∶100、1∶200 的比例绘制。

（2）凡是被剖切到的梁、板、墙体等轮廓线用粗实线（b），未剖切到的可见轮廓如门窗洞口、踢脚线、楼梯栏杆、扶手、引出线等用中实线（0.5b）。图例填充线、轴线等用细实线（0.25b），室内外地坪线用加粗线（1.4b）。

（3）各个方向的立面应绘制齐全，但差异小、左右对称的立面或部分不难推定的立面可简略；内部院落或看不到的局部立面，可在相关剖面图上表示，若剖面图未能表示完全时，则需单独绘出。

（4）剖视位置应选在层高不同、层数不同、内外部空间比较复杂、具有代表性的部位；建筑空间局部不同处及平面、立面均表达不清的部位，可绘制局部剖面。

（5）剖面图应标注外部尺寸、内部尺寸和标高。沿外墙在竖直方向标注三道外部尺寸，最外一道是室外地坪以上的总高尺寸，中间一道标注层高，再往里是门窗洞口高度等细部尺寸；内部尺寸主要标注内墙门窗洞口、楼梯栏杆高度等。

三、案例识读

如图 7-6 所示为某别墅的 1—1 剖面图。从图中轴线编号与图 7-3 所示平面图上的剖切位置和轴线编号相对照，可知 1—1 剖面图是一个剖切平面通过客厅和过厅剖切后向右进行投影所得到的横剖面图。

此图画出了地面至屋面的结构形式和构造内容，可知此房屋的垂直方向承重构件（柱）、水平方向承重构件（梁和板）都是用钢筋混凝土现浇而成，属于框架结构形式。板、墙、梁、柱的搁置方向，在图中一目了然。从引出线给出的构造说明中还可知三层大露台屋面板的详细构造情况。

图中标高都表示为与 ±0.000 的相对尺寸。±0.000 以上的部分可视为地上建筑，±0.000 以下的部分则可视为地下建筑。由图可知，该建筑 ±0.000 以上的部分共有三层，第一层层高为 3.00 m，第二层层高为 3.00 m，第三层为坡屋顶，建筑楼面到天沟檐口处的高度为 3.30 m，檐口到坡屋顶最高屋脊处的高度为 1.80 m。±0.000 以下的部分共有一层，该层在 Ⓓ 轴线～Ⓒ 轴线间的层高为 2.85 m，在 Ⓒ 轴线～Ⓑ 轴线间的层高为 2.40 m。

在建筑的首层和负一层处，左侧和右侧的地平面高度是不一样的，因此，该建筑在最底层的 Ⓓ 轴处设有挡土墙。

图中注明了建筑竖向的三道尺寸，即总高度尺寸、各层的层高尺寸、门窗洞口高度尺寸。但屋顶处、屋脊处、首层楼板错层处、室内门窗洞口处、分户墙各处、楼梯和檐口处因另有详图，其详图尺寸可不在此注出。

由图可知，坡屋面排水坡度用 "⊿" 的形式表示，读作 1:2.4，直角三角形的斜边应与坡度平行，直角边上的数字表示坡度的高度比。

剖面图中的详图索引，如该图 Ⓕ 轴线的上方为坡屋顶檐口的详图索引，其详细的形式和构造可根据索引符号的标注查阅图纸第 14 页中的 3 号详图。

图 7-6　某别墅1—1剖面图

8～10厚地砖铺平拍实,缝宽5～8,1:1水泥砂浆填缝
25厚1:4干硬性水泥砂浆
40厚C30UEA补偿收缩细石混凝土
防水层表面压光内配双向Φ4钢筋双向中距150
点粘一层350号石油沥青油毡
40厚挤塑聚苯乙烯泡沫塑料板
4厚SBS改性沥青防水卷材
刷基层处理剂一遍
20厚1:2.5水泥砂浆找平层
20厚(最薄处)1:8水泥珍珠岩找2%坡,表面清扫干净
钢筋混凝土屋面板

1—1剖面图 1:100

挡土墙

栏杆见⑥14
栏杆见⑤14
椽口详见③14
详见①14

别墅剖面图识读

144

任务六　建筑详图

建筑详图是建筑细部的施工图。前述平面图、立面图、剖面图，由于图幅有限、比例较小，不能明确地表达建筑局部的详细构造、尺寸、做法及施工要求等，必须另外绘制较大比例的图样，才能表达清楚，这种图样称为建筑详图。建筑详图是建筑平面图、立面图、剖面图的补充，是各建筑部位具体构造的施工依据。本任务要求学生掌握建筑详图的识读方法，并对墙身剖面详图和楼梯详图等进行识读。

一、建筑详图基本内容

（1）对内外墙、屋面等节点，绘制出不同构造层次，表达节能设计内容，标注各材料名称及具体技术要求，注明细部和厚度尺寸等。

（2）楼梯、电梯、厨房、卫生间等局部平面放大和构造详图，注明相关的轴线和轴线编号以及细部尺寸、设施的布置和定位、相互的构造关系及具体技术要求等。

（3）室内外装饰方面的构造、线脚、图案等；标注材料及细部尺寸、与主体结构的连接构造等。

（4）门、窗、幕墙绘制立面图，对开启面积大小和开户方式，与主体结构的连接方式、用料材质、颜色等作出规定。

（5）其他凡在平面图、立面图、剖面图或文字说明中无法交代或交代不清的建筑构配件和建筑构造。

（6）图纸名称、比例。

二、外墙身剖面、楼梯、门窗详图

1. 外墙身剖面详图

外墙身剖面图与平面图相配合，详细表示外墙从地面到屋顶各主要节点的构造做法。

（1）表明墙的轴线编号、墙厚及其与轴线的关系。

（2）表明各层梁、板等构件的位置及其与墙身的关系。

（3）表明地面、各楼层、屋面、门窗洞口、檐口、墙顶面的标高。

（4）表明细部装修的要求，包括墙体部位线脚、窗台、窗楣、雨篷、檐口、勒脚、散水的构造尺寸、材料和做法；外墙、框架梁、楼板的连接关系。

（5）表明墙身的防水、防潮做法。

建筑外墙身剖面详图实例如图 7-7 所示。

图 7-7 建筑外墙身剖面详图

2. 楼梯详图

楼梯是建筑物中主要的垂直交通设施之一,其主要功能是通行和疏散。楼梯主要由楼梯梯段、休息平台和栏杆扶手(或拦板)三部分组成。楼梯详图主要包括:楼梯平面图、楼梯剖面图、楼梯的节点详图;主要表达楼梯的类型,平面、剖面尺寸,结构形式及踏步、栏杆扶手等的装修做法。

(1)楼梯平面图。楼梯平面图一般是在每层距离地面 1 m 以上沿水平方向剖切后的正投影图。一般每一层都要画出楼梯平面图,三层以上的建筑物,若中间各层的楼梯位置及其梯段数、踏步数、台阶尺寸都相同,可以绘制楼梯标准层平面图,即只画出底层、中间层和顶层楼梯平面图,如图 7-8 所示。

楼梯平面图因其所处楼层不同而有不同的表达。以双跑楼梯为例来说,底层楼梯平面中一般只有上行梯段。顶层平面(不上屋顶的楼梯),由于其剖切位置在栏杆之上,因而图中没有折断线,所以,会出现两段完整的梯段和平台。中间层平面既要画出被切断的上行梯段,又要画出该层下行的梯段,其中有部分下行梯段被上行梯段遮住(投影重合),一般以折断线为分界。但无论是底层、中间层还是顶层楼梯平面图,都必须用箭头标明上下行的方向,而且必须从楼层平台开始标注。

楼梯平面图应标出楼梯间的轴线编号、开间和进深尺寸,楼地面和休息平台的标高,还要标出楼梯梯段的起步线位置、梯段长度和宽度、梯井宽度、休息平台的宽度等尺寸。楼梯平面图常采用 1∶50 的比例绘制。

由图 7-8 所示楼梯平面图可知,底层平面图中只有一个被剖到的梯段。从⑨、⑪轴线墙上的入户门出到标高为±0.000 的一层楼层平台,再通过 6 级台阶下到楼梯间入口及门斗的标高为−0.900 的平台上,从连接室内外的门斗平台处下到室外。

标准层平面图中的上下两个梯段都是画成完整的;上行梯段的中间画有一条与踢面线成 30°的折断线。折断线两侧的上下指引线箭头是相对的,在箭尾处分别写有"上 20 级"和"下 20 级",是指从二层上到二层以上的各层及下到下一层的踏步级数均为 20 级;说明各层的层高是一致的。由于只有二层平面图上才能看到一层门斗上方的雨篷的投影,故此处用"仅二层有"加以说明。

六层(顶层)平面图的踏面是完整的。只有下行,故梯段上没有折断线。楼面临空的一侧装有水平栏杆。

六层平面图 1:50

标准层（二~五层）平面图 1:50

一层平面图 1:50

图 7-8　楼梯平面图

楼梯详图

（2）楼梯剖面图。楼梯剖面图是用平行于梯段的假想铅垂剖面将梯段剖开，所得到的剖面图。为表达清楚，剖面图一般向未被剖到的梯段方向投射，如图7-9所示。

楼梯剖面图主要表示建筑的层数、各楼层与休息平台的标高，楼梯的梯段数、步级数，构件的连接方式，楼梯栏杆扶手的形式和高度，楼梯间窗台的标高和尺寸等内容。楼梯剖面图常采用1∶50的比例绘制。

楼梯间2—2剖面图　1∶100

图 7-9　楼梯剖面图

图 7-9 所示的楼梯剖面图,其剖切位置标注在图 7-8 楼梯平面图的一层平面图中。从图 7-9 中可以看到,从图的右方标高为 −1.000 的室外地坪上到标高为 −0.900 的连接室内外的门斗内,再进入楼梯间,通过室内 5 级台阶上到标高为 ±0.000 的一层楼层平台。每层都有两个梯段,且每个梯段的级数都是 10 级。楼梯间的顶层楼梯栏杆以上部分及竖直方向 Ⓑ 轴线以左部分,由于与楼梯无关,故都用折断线折断不画。

(3)节点详图。楼梯节点详图主要包括踏步、栏杆、扶手等。踏步详图表明踏步的形状、大小、面层做法等;栏杆详图表明栏杆的形式、材料、规格及其连接构造情况;扶手详图表明扶手的截面形状、尺寸、材料及与栏杆的连接方式。节点详图常采用 1:20 的比例绘制(图 7-10)。

图 7-10　楼梯节点详图

3. 门窗详图

门窗由门窗框、门窗扇组成,门窗详图包括门窗立面、节点大样、五金表和文字说明等。门窗详图也可以选择标准图集,在施工图中说明该详图所在标准图集中的编号即可。

项目小结

本项目主要介绍了"建施"部分所含的建筑总平面图、建筑平面图、建筑立面图、建筑剖面图、建筑详图的图示内容及绘制要求等。

(1)建筑总平面图是表示一个工程的总体布局,是在基地一定范围内的地形图上画出拟建建筑物与原有建筑物外轮廓的水平投影图。总平面图主要反映拟建建筑物的平面形状、位置、朝向及与基地周围环境的关系,是拟建建筑施工定位、放样、土方施工及管线布置和施工总平面设计的依据。

(2)建筑平面图是假想用一水平剖切面沿建筑的窗洞口位置将房屋水平剖切开,对剖切面以下部分所作的水平投影图。平面图主要反映房屋的平面形状、大小、房间布置,墙柱的位置、尺寸、材料和做法，楼梯和走廊的安排及门窗的类型、位置等内容。

（3）建筑立面图是建筑物不同方向立面的正投影图。建筑立面图主要表示建筑物的外部形状、主要建筑构件标高及外墙面装饰要求等的图样。

（4）建筑剖面图是假想用垂直于外墙的铅垂剖切面将建筑垂直剖开，移除一部分，对余下部分向垂直平面作正投影所得到的剖视图。建筑剖面图用来表示建筑内部结构形式、空间分隔情况、建筑主要构件的材料、位置及相互关系，屋面、楼层及地面的构造做法等内容。

（5）建筑详图是建筑细部的施工图，是用较大比例绘制的图样，以表达建筑局部的详细构造、尺寸、做法及施工要求等。建筑平面图、立面图、剖面图是房屋最基本的图样，而建筑详图是对建筑平面图、立面图、剖面图的补充和完善，是建筑各部位具体构造的施工依据。

➤ 思考与练习

1. 建筑施工图包括哪些图样？
2. 简述建筑总平面图主要图示内容及画法规定。
3. 简述建筑平面图主要图示内容及画法规定。
4. 简述建筑立面图主要图示内容及画法规定。
5. 简述建筑剖面图主要图示内容及画法规定。
6. 简述外墙身剖面详图、楼梯详图图示内容。
7. 你知道绿色建筑的概念吗？
8. 你了解装配式建筑吗？
9. 根据某建筑的平面图、立面图、剖面图创建三维模型（可用任何建模软件）。

项目八 结构施工图

知识目标

通过本项目的学习，了解结构施工图的组成、用途、内容，结构施工图常用的符号和图例；掌握结构施工图的识读方法。

能力目标

能识读房屋的结构施工图，能掌握图纸所表达的建筑结构相关信息。

任务一 结构施工图概述

在工业与民用建筑设计中，根据建筑、给水排水、暖通和电气各专业的要求，进行结构选型和构件布置，再通过力学计算，决定房屋各承重构件的布置、形状、大小、材料及内部配筋构造等，并将设计结果绘制成图样，以指导施工，这种图样称为结构施工图，简称结施图。结构施工图是放灰线、挖土方、支模板、绑钢筋、浇灌混凝土、安装构件、编制预算及施工组织计划的重要依据。

一、结构施工图的主要内容

结构施工图一般包括结构设计说明、结构平面布置图和构件详图三部分内容。

结构设计说明工程的复杂程度不同，内容也有所不同，一般包括设计依据、地勘资料、结构类型、抗震设防烈度、耐火等级、使用年限、荷载情况、材料要求、施工要求等。

结构施工图组成

结构平面布置图属于全局性的图纸，主要内容包括基础平面布置图及基础详图、楼层结构平面布置图及节点详图、屋顶结构平面布置图及节点详图。

构件详图属于局部性的图纸，主要表达构件的形状、大小、材料强度等级和制作安装等内容，主要包括梁板柱等构件详图、楼梯结构详图、其他构件详图等内容。

本任务要求学生对结构施工图的图样及图示内容有所了解。

二、结构施工图的基本规定

结构施工图的绘制，除应符合《房屋建筑制图统一标准》（GB/T 50001—2017）中的基本规定外，还必须符合《建筑结构制图标准》（GB/T 50105—2010）及现行的有关标准和规范的相关规定。

1. 图线

结构施工图中图线的线型和线宽应符合表 8-1 中的规定。

表 8-1　结构施工图中相关图线的线型、线宽及用途

线型名称	线宽	用途
粗实线	b	螺栓、主钢筋线、结构平面图中的单线结构构件线、钢木支撑及系杆线，图名下横线、剖切线
中粗实线	$0.7b$	结构平面图及详图中剖到或可见的轮廓线、基础轮廓线，钢、木结构轮廓线，钢筋线
中实线	$0.5b$	结构平面图及详图中剖到或可见的轮廓线、基础轮廓线、可见的钢筋混凝土构件轮廓线、钢筋线
细实线	$0.25b$	标注引出线、标高符号线、索引符号线、尺寸线
粗虚线	b	不可见的钢筋线、螺栓线，结构平面图中不可见的单线结构构件线及钢、木支撑线
中粗虚线	$0.7b$	结构平面图中不可见构件、墙身轮廓线及不可见钢、木结构构件线，不可见的钢筋线
中虚线	$0.5b$	结构平面图中不可见构件、墙身轮廓线及不可见钢、木结构构件线，不可见的钢筋线
细虚线	$0.25b$	基础平面图中的管沟轮廓线、不可见的钢筋混凝土构件轮廓线
粗单点长画线	b	柱间支撑、垂直支撑、设备基础轴线图中的中心线
细单点长画线	$0.25b$	定位轴线、对称线、中心线、重心线
粗双点长画线	b	预应力钢筋线
细双点长画线	$0.25b$	原有结构轮廓线
细折断线	$0.25b$	断开界线
细波浪线	$0.25b$	断开界线

2. 比例

在结构施工图中选用的各种比例，宜符合表 8-2 中的规定。

表 8-2　结构施工图的比例

图名	常用比例	可用比例
结构平面图、基础平面图	1：50、1：100、1：150	1：60、1：200
圈梁平面图，总图中管沟、地下设施等	1：200、1：500	1：300
详图	1：10、1：20、1：50	1：5、1：25、1：30

3. 常用构件代号

构件的名称一般可用代号来表示，代号后应用阿拉伯数字标注该构件的型号或编号，也可用构件的顺序号。构件的顺序号采用不带角标的阿拉伯数字连续编排。常用结构构件的代号见表 8-3。

表 8-3　常用结构构件的代号

序号	名称	代号	序号	名称	代号	序号	名称	代号
1	板	B	19	圈梁	QL	37	承台	CT
2	屋面板	WB	20	过梁	GL	38	设备基础	SJ
3	空心板	KB	21	连系梁	LL	39	桩	ZH
4	槽形板	CB	22	基础梁	JL	40	挡土墙	DQ
5	折板	ZB	23	楼梯梁	TL	41	地沟	DG
6	密肋板	MB	24	框架梁	KL	42	柱间支撑	ZC
7	楼梯板	TB	25	框支梁	KZL	43	垂直支撑	CC
8	盖板或沟盖板	GB	26	屋面框架梁	WKL	44	水平支撑	SC
9	挡雨板或檐口板	YB	27	檩条	LT	45	梯	T
10	吊车安全走道板	DB	28	屋架	WJ	46	雨篷	YP
11	墙板	QB	29	托架	TJ	47	阳台	YT
12	天沟板	TGB	30	天窗架	CJ	48	梁垫	LD
13	梁	L	31	框架	KJ	49	预埋件	M—
14	屋面梁	WL	32	刚架	GJ	50	天窗端壁	TD
15	吊车梁	DL	33	支架	ZJ	51	钢筋网	W
16	单轨吊车梁	DDL	34	柱	Z	52	钢筋骨架	G
17	轨道连接	DGL	35	框架柱	KZ	53	基础	J
18	车挡	CD	36	构造柱	GZ	54	暗柱	AZ

注：1. 预制混凝土构件、现浇混凝土构件、刚构件和木构件，一般可采用本表中的构件代号。在绘图中，除混凝土构件可以不注明材料代号外，其他材料的构件可在构件代号前加注材料代号，并在图纸中加以说明。

2. 预应力混凝土构件的代号应在构件代号前加注"Y"，如 Y-DL 表示预应力混凝土吊车梁。

4. 钢筋代号及强度标准值

配置在混凝土中的钢筋，按其作用和位置可分为：受力筋、箍筋、架立筋、分布筋、构造筋。纵向受力普通钢筋可采用 HRB400、HRB500、HRBF400、HRBF500、HRB335、HRB400、HPB300 钢筋；箍筋宜采用 HRB400、HRBF400、HRB335、HPB300、HRB500、HRBF500 钢筋。普通钢筋牌号、符号及强度标准值、设计值分别见表 8-4 和表 8-5。

表 8-4　普通钢筋牌号、符号及强度标准值　　　　　　　　N/mm²

牌号	符号	公称直径 d/mm	屈服强度标准值 f_{yk}	极限强度标准值 f_{stk}
HPB300	ϕ	6～14	300	420
HRB335	ϕ	6～14	335	455
HRB400 HRBF400 RRB400	ϕ ϕ^F ϕ^R	6～50	400	540
HRB500 HRBF500	ϕ ϕ^F	6～50	500	630

表 8-5　普通钢筋强度设计值　　　　　　　　N/mm²

牌号	抗拉强度设计值 f_y	抗压强度设计值 f'_y
HPB300	270	270
HRB335	300	300
HRB400、HRBF400、RRB400	360	360
HRB500、HRBF500	435	435

5. 钢筋的一般表示方法

（1）钢筋直径、根数及间距的表示。钢筋的直径、根数及相邻钢筋的中心距采用引出线的方式标注。为了便于识别，构件中的钢筋应进行编号，编号采用阿拉伯数字，写在引出线端部直径为 6 mm 的细实线圆中。在引出线端部，用代号标注钢筋的等级、种类、直径、根数及间距等信息。钢筋标注方式如图 8-1 所示。

梁板柱配筋

图 8-1　钢筋标注方式

（2）钢筋的表示方法。为表示出钢筋的端部形状、钢筋的配置和搭接情况，普通钢筋在施工图中一般采用表 8-6 中的图例来表示。

表 8-6　普通钢筋常见图例

序号	名称	图例	说明
1	钢筋横断面	●	—
2	无弯钩的钢筋端部		下图表示长、短钢筋投影重叠时，短钢筋的端部用 45°斜画线表示
3	带半圆形弯钩的钢筋端部		—
4	带直钩的钢筋端部		—
5	带丝扣的钢筋端部		—
6	无弯钩的钢筋搭接		—
7	带半圆弯钩的钢筋搭接		—
8	带直钩的钢筋搭接		—
9	花篮螺栓钢筋接头		—
10	机械连接的钢筋接头		用文字说明机械连接的方式（如冷挤压或直螺纹等）

任务二　图纸目录和结构设计总说明

一、图纸目录

图纸目录是按照一定顺序对图纸进行排列，一般包括序号、图号、图纸名称、图幅规格、备注等，排放在图纸封面之后、结构设计总说明之前。施工图的编制顺序一般应遵循从下至上、先地下再地上、先平面后详图的原则。

二、结构设计总说明

结构设计总说明是对一个建筑物的结构形式和结构构造要求等的总体概述，在结构施工图中占有重要地位，排放在图纸目录之后、施工图之前。

每个单体的结构形式不同，因而结构设计总说明中表达的内容不尽相同，但概括来说，一般包括以下内容：

(1)工程概况。具体包括如下内容：

1)工程地点、工程分区、工程主要功能等。

2)主体结构的形式；各单体的长、宽、高，地上与地下层数；各层层高，主要结构跨度，特殊结构及造型等。

(2)设计依据。主要包括如下内容：

1)工程设计所依据的规范、规程、图集，以及结构分析所使用的结构分析软件。

2)主体结构的安全等级和设计使用年限。

3)设计采用的荷载值，包括风荷载、雪荷载、楼(屋面)使用荷载、其他特殊荷载及建设方提供的使用荷载。

4)由地质勘察单位提供的工程地质勘察报告及其主要内容，包括工程所在地区的抗震设防烈度、建筑场地类别、工程地质和水文地质简况等。

(3)基础的形式，地基基础设计等级。

(4)所采用的材料，包括混凝土强度等级、钢筋牌号、砌体及砂浆等级、焊条等级等。

(5)构造做法及要求，一般包括抗震构造要求、梁板上开洞做法、梁柱节点做法、基础做法等。

(6)本工程施工的特殊要求，施工中应注意的事项。

三、案例识读

现将某结构施工图纸目录(图 8-2)摘录如下。

×××××建筑设计院
图纸目录

工程名称：×××××				工程编号：××-×-××	
子项名称：10 栋				子项编号：	
专业名称：结构 设计阶段：施工图 建筑面积：×××m²				工程造价：	
			日 期：2016.10	页 次：第1页，共1页	

序号	图号	图名	版号	日期	备注
1	S-00	图纸目录	0	2016.10	
2	S-01	结构设计总说明	0	2016.10	
3	S-02	基础平面图	0	2016.10	
4	S-03	基顶～±0.000 m 柱平面配筋图	0	2016.10	
5	S-04	±0.000～6.000 m 柱平面配筋图	0	2016.10	
6	S-05	6.000 m～坡屋面顶 柱平面配筋图	0	2016.10	

图 8-2 结构施工图图纸目录

序号	图号	图名	版号	日期	备注
7	S-06	−2.850 m 梁板配筋图	0	2016.10	
8	S-07	±0.000 m 梁板配筋图	0	2016.10	
9	S-08	3.000 m 梁板配筋图	0	2016.10	
10	S-09	6.000 m 梁板配筋图	0	2016.10	
11	S-10	9.300 m 梁板配筋图	0	2016.10	
12	S-11	坡屋顶梁板配筋图	0	2016.10	
13	S-12	楼梯结构图	0	2016.10	

院　　　　长：_____
总 建 筑 师：_____ 结构总工程师：_____
设备总工程师：_____ 电气总工程师：_____

图 8-2　结构施工图图纸目录(续)

结构施工图设计总说明(摘录)

一、工程概况和总则

1. 本工程设计标高±0.000 相对于绝对标高×××。全部尺寸均以毫米为单位；标高以米为单位，结构标高＝图示标高−0.030 m。

2. 本工程为四层框架结构，位于非抗震区，抗震设防烈度小于 6 度，不做抗震设防。

3. 本工程结构设计使用年限为 50 年，耐火等级为二级，建筑结构安全等级为二级。

二、设计依据

1. 采用中华人民共和国现行国家标准规范和规程进行设计，主要有：

《建筑结构可靠性设计统一标准》	GB 50068—2018	《建筑地基基础设计规范》	GB 50007—2011
《建筑结构荷载规范》	GB 50009—2012	《砌体结构设计规范》	GB 50003—2011
《混凝土结构设计规范(2015 年版)》	GB 50010—2010	《建筑工程抗震设防分类标准》	GB 50223—2008
《建筑抗震设计规范(2016 年版)》	GB 50011—2010	《砌体结构工程施工质量验收规范》	GB 50203—2011

2. 根据"×××勘测设计院"提供的《×××××××住宅小区岩土工程勘察报告》，场地类别：二类；地基基础设计等级为丙级。本工程基础形式采用钢筋混凝土独立基础，基础持力层为强风化泥岩层，承载力特征值 $f_{ak}=400$ kPa，具体详见"基础平面图"，基础回填土应分层夯实，压实系数不小于 0.94。基础施工时若发现地质实际情况与设计要求不符，须通知地质勘察工程师及设计人员共同研究处理。

3. 基本风压：0.40 kN/m² ($n=50$)，地面粗糙度：A 类，风载体型系数：1.3，基本雪压：0.35 kN/m² ($n=50$)。

4. 主要楼面活荷载标准值：

楼面用途	阳　台	卫生间	楼　梯	卧　室	不上人屋面	上人屋面
活荷载/(kN·m⁻²)	2.5	2.0	2.0	2.0	0.5	2.0

5. 本工程的混凝土结构的环境类别：室内正常环境为一类，室内潮湿、露天及与水土直接接触部分为二类 a。

三、结构

（一）材料

1. 现浇部分混凝土强度等级详见下表：

楼　层	柱	梁	板	独基	基础梁	楼梯、构造柱及线角	其他
基础～屋顶	C25	C25	C25	C25	C25	同各楼层混凝土	基础垫层 C15

2. 图中的钢筋Φ表示 HPB300 级钢筋（$f_y = 300\ \text{N/mm}^2$）；Φ表示 HRB335 级钢筋（$f_y = 335\ \text{N/mm}^2$）。

3. 砌体材料见下表：

楼　层	砖石名称及强度等级	砂浆名称及强度等级	备注
±0.000 以下	MU10 烧结普通砖	M10 水泥砂浆	烧结多孔砖相对密度
±0.000 以上	MU10 烧结多孔砖	M5 混合砂浆	≤13 kN/m³

（二）楼屋面

1. 现浇板。

（1）跨度≥3 m 的板，要求板跨中起拱 L/400。

（2）现浇板中的受力钢筋，其短向筋放在外层，长向筋放在短向筋内侧。楼、屋面板板面支座负筋应每隔 1 000 加设Φ10 骑马凳，施工时严禁踩踏板构造钢筋；边跨下部受力钢筋伸至距板边减 15 mm 处，中跨下部受力筋伸至支座中心且≥5d，受力筋从距墙边或梁边 50 mm 处开始配置。

2. 各楼层的端跨板的端角处（包括嵌固于承重墙内或支承于框架梁上），以及板跨≥4.2 m 时在 L=1/4 短向板跨范围内，增加设置斜筋。详见楼板开洞补强图。

（三）梁、柱

1. 跨度≥4 m 的梁，除图中注明者外，应起拱 1/500；悬臂梁跨度＞2 m 时，应起拱 1/250。

2. 托墙梁纵筋和腰筋在柱内的锚固，按 22G101－1 框支梁的要求施工。

（四）构造柱（GZ＊）

1. 混凝土 GZ＊平面位置详见基础平面图及各层楼、屋平面图。构造柱构造详见 03ZG002。

2. 构造柱纵筋应穿过圈梁，当构造柱与圈梁边缘对齐时，应将圈梁的纵向钢筋放置在最外侧，构造柱纵筋从圈梁最外侧纵向钢筋内侧通过。

（五）圈梁（QL）、过梁

1. 高度＞4 m，墙厚≥180 mm 的非承重墙体；高度＞3.2 m，墙厚＜180 mm 而≥140 mm 的非承重墙体；高度＞2.8 m，墙厚≥90 mm 而＜140 mm 的非承重墙，均应在墙半高处设置1道钢筋混凝土圈梁(也可在窗洞顶部设置)。不到顶的墙顶部设置压顶圈梁。混凝土强度等级为C20(见附加圈梁图)。除注明外，圈梁 QL 截面墙厚 240 mm，纵筋 4ϕ12，箍筋 ϕ6@200；砌体结构时承重墙体圈梁顶标高设在：楼层标高 -0.140 m 和屋面标高。

楼板开小洞补强 $300 < b < 1\ 000$

加强筋均设于板底

附加圈梁 1:30

2. 圈梁纵筋锚固，搭接长度均为 $35d$，圈梁构造详见 03ZG002 中：页 17 内节点 1、2、3、7、8、9；页 18 内节点 2~8。

（六）砌体

（七）钢筋混凝土墙

四、其他

1. 施工缝的设置遵照《混凝土结构工程施工质量验收规范》(GB 50204—2015)。

2. 凡墙上集中穿线布管处应采用 C20 素混凝土浇捣密实，且墙体在布管区两侧砌马牙槎。

3. 沉降观测：本工程应对建筑物在施工及使用过程中进行沉降观测并加以记录，沉降观测由建设单位委托勘测单位承担，观测点的埋设及保护则需施工单位及使用单位给予配合。

4. 施工时应与建筑、水、电、暖通等有关专业图纸配合。

5. 斜屋面采用细石混凝土捣制，粗集料粒径不大于 10 mm。

任务三　基础施工图

基础是位于建筑物地面以下的结构组成部分，主要承受上部建筑物的全部荷载(包括建筑物自重及建筑物内人员、设备的质量，风荷载、雪荷载及地震作用)，并将荷载传递给地基。

根据建筑结构形式的不同，基础可分为独立基础、条形基础、筏形基础、箱形基础、桩基础等，基础的形式取决于上部承重结构的形式。其中前几种基础埋深较浅，一般不大于 5 m，称这类基础为浅基础；而桩基等基础埋深一般较深，大于 5 m 的情况称之为深基础。

基础施工图一般由基础平面图、基础详图组成。基础平面图是假想用一个水平面沿建筑物室内地面以下剖切后，移去建筑物上部和基坑回填土后所作的水平剖面图。它主要表达基础的平面布置情况及基础与墙、柱定位轴线的相对关系，是房屋施工过程中指导放线、基坑开挖、定位基础的依据。

基础详图主要表达基础各部分的断面形状、尺寸、材料、构造做法、细部尺寸和埋置深度。

本任务要求学生通过对几种常见基础形式结构施工图的学习，掌握建筑结构基础施工图的绘制、识读方法。

一、独立基础

当建筑物上部结构采用框架结构或单层排架结构承重时，基础常采用方形、圆柱形和多边形等形式的独立基础，这类基础称为独立基础。

如图 8-3 所示的某别墅采用框架结构，基础形式是独立基础。其基础平面布置图按 1：100 的比例绘制。

1. 基础平面图

在基础平面布置图中将对基础部分的施工给出说明，由图 8-3 可知该基础持力层的名称、地基承载力特征值的取值、基础采用的材料及基础施工时的注意事项等。

(1)图线。

1)定位轴线。基础平面图中的定位轴线的编号和尺寸必须与建筑施工图相一致。定位轴线是施工定位和放样的依据，也是基础平面图中的重要内容。

2)基础轮廓线。基础轮廓线投影到平面中即基础底边线的平面尺寸，制图时常将基础轮廓线用粗实线表示。用细实线引出基础编号，不同的基底标高写在基础编号下方。如图 8-3 所示，在基础编号 J-2 下方的 −4.00 代表此处基底标高为 −4.00 m。

3)柱子。基础平面图部分需要表达柱子与基础的定位关系，在图纸中用涂黑的几何形状表示柱子需要往上部做。

(2)尺寸标注。尺寸标注用来确定基础尺寸和平面位置，除定位轴线外，基础平面图中的标注对象就是基础各个部位的定位尺寸(一般均以定位轴线为基准确定构件的平面位置)。

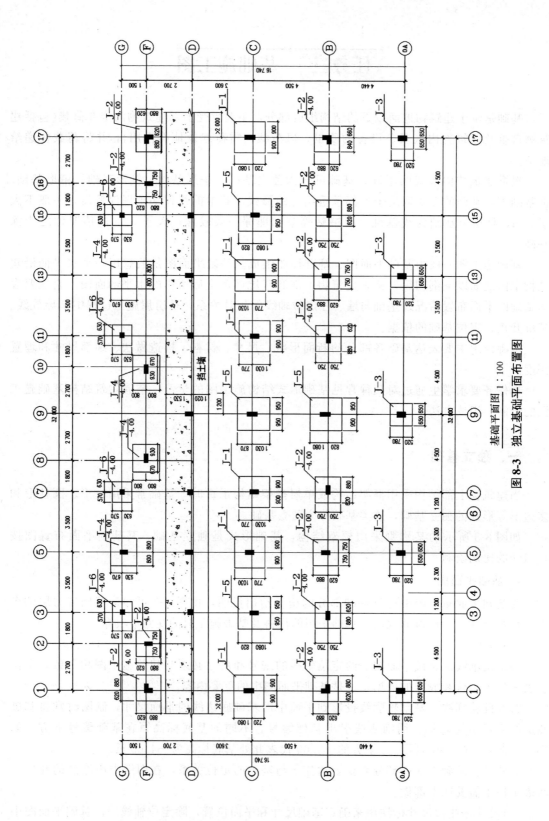

基础平面图 1：100

图8-3 独立基础平面布置图

在图 8-3 中，①轴上 J-3 基础底面尺寸为 1 300 mm×1 300 mm，水平方向居中，距轴线尺寸每边各 650 mm，竖直方向往⓪Ａ轴方向偏心 130 mm。

(3)填充符号。图纸中的填充符号一般代表材料或者升板、降板、后浇带等特殊构造。图 8-3 中涂黑的几何形状表示从基础延伸到柱子断面，混凝土的填充部分代表挡土墙。

2. 基础详图

在基础平面布置图中表达了基础的平面位置，而基础各部分的断面形式、详细尺寸、配筋情况、所用材料、构造做法(垫层等)及基础的埋置深度等，则需要在基础详图中表达。基础详图应尽可能与基础平面图画在同一张图纸上，以便对照施工。基础详图一般采用垂直剖面图和平面图表示，为了明显地表示基础板内双向配筋情况，可在平面图的一个角上采用局部剖面，如图 8-4 所示。断面详图相同的基础用同一个编号、同一个详图表示，或者用一个详图示意，不同之处用代号表示，然后将不同的尺寸及配筋用列表格的方式给出，例如图 8-4 中的独立柱基础表。

独立柱基础表

基础编号	类型	基底标高	基础平面尺寸		基础高度	基础配筋		备注
			A	B	H	①	②	
J-1	A	−4.500	1 800	1 800	500	Φ12@130	Φ12@130	
J-2	A	见平面图	1 500	1 500	450	Φ10@100	Φ10@100	
J-3	A	见平面图	1 300	1 300	400	Φ10@130	Φ10@130	
J-4	A	−3.000	1 600	1 600	450	Φ10@100	Φ10@100	
J-5	A	−4.000	1 900	1 900	500	Φ12@125	Φ12@125	
J-6	A	−3.000	1 200	1 200	400	Φ10@130	Φ10@130	
注：独基尺寸中A为长边方向；①号筋为长筋								

图 8-4　独立基础详图

基础详图的图示内容主要有以下几点，如图 8-3 所示：

(1)基础断面轮廓线和基础配筋。在基础详图上要画出基础的断面轮廓，如图 8-4 所示，用 A 表示基础底面的长边，用 B 表示基础底面的短边。不同的基础 A 和 B 的取值不同，需查阅独立柱基础表；基础的配筋由①、②引出，分别代表沿基础长边方向的配筋和沿基础短边方向的配筋，也可在独立柱基础表中查得。基础详图还需注明基础的代号或图名、定位轴线及编号。

(2)柱子断面轮廓线。如图 8-4 所示，用混凝土符号填充的部分为柱子断面轮廓线，平面图与垂直剖面图相对应可看出柱子位于独立基础正上方，柱内钢筋插入基础底面，做 150 mm 长的弯折以便钢筋直立。柱子的具体尺寸及定位见柱平面布置图。

(3)尺寸标注。在基础详图中，要将整个基础的外形尺寸、钢筋尺寸、定位轴线到基础边缘尺寸以及各细部尺寸都标注清楚。还应标注室内外地面、基础底面的标高。

二、条形基础

条形基础属于连续分布的基础，其长度方向的尺寸远大于宽度方向。条形基础根据上部结构的不同又可分为墙下条形基础和柱下条形基础两种。

图 8-5 所示是某民用住宅的基础平面布置图，该住宅上部结构为砌体结构，因而采用了墙下条形基础。

1. 基础平面图

从图 8-5 中可以看出，基础平面图表达了以下内容：

(1)基础设计说明。在基础平面布置图中针对基础部分给出专门的文字说明，从设计说明中可知±0.000 标高的确定、图中未注明的墙厚及定位、基坑开挖深度及地基处理办法、垫层承载力特征值等。

(2)图线。本施工图中的图线有以下几种：

1)定位轴线：与独立基础平面布置图中一致。

2)墙身线：定位轴线两侧的中粗线是墙的断面轮廓线，两墙线外侧的实线是可见的基础底部的轮廓线，由设计说明可知，未注明的墙线均为轴线居中定位，即 240 mm 厚墙均轴线居中，370 mm 厚墙均为轴线偏心。

3)基础圈梁线：此工程基础圈梁沿墙满布(在结构总说明中给出)，因此，不用画出圈梁的平面布置，而它的截面尺寸、梁顶标高及配筋需在图 8-6 所示的基础详图中查得。

4)构造柱：为满足抗震设防的要求，砌体结构房屋要设置构造柱，构造柱通常从基础梁或者基础圈梁的顶面开始设置，图纸中涂黑的部分即构造柱的截面。

(3)剖切符号。由于上部结构布置、荷载或地基承载力不同，在实际设计中，房屋不同位置的基础尺寸和配筋等不尽相同。在基础平面图中相应的位置画出剖切符号并注明断面编号，以便分别画出它们的断面详图。断面编号可以采用阿拉伯数字或英文字母，注写的一侧为剖视方向。如图 8-5 所示的 1—1 剖面看图方向是从Ⓐ轴往①轴看、从⑬轴往①轴看。

(4)尺寸标注。除定位轴线外，基础平面图中的标注对象为基础各个部位的定位尺寸和定形尺寸。图 8-5 中标注 1—1 剖面基础宽度为 1 200 mm，2—2 剖面基础宽度为 1 500 mm。①轴上墙厚为 370 mm，墙体偏心，墙体两边线到定位轴线分别为 120 mm 和 250 mm。

2. 基础详图

墙下条形基础的结构详图如图 8-6 所示，对照图 8-5 和图 8-6 可以看出：

(1)图 8-6 所示为墙下钢筋混凝土条形基础，粗实线代表钢筋线；条形基础上部用斜线进行图案填充的部分为墙体，下部用面积不同的三角形填充的部分为素混凝土垫层，条形基础及圈梁部分为钢筋混凝土。

(2)基础垫层的厚度为 100 mm，基础底面标高为−2.400 m，基础圈梁的顶标高从圈梁配筋详图中查阅为−0.060 m，结合平面图中①轴上⑥~⑧轴之间的文字说明知此处圈梁顶标高为−0.750 m，即此处基础圈梁标高降低，这一般是设备专业需要进出管道等为防止管道将基础圈梁打断而采取的措施。

(3)图 8-6 中基础配筋一览表给出了 1—1、2—2、3—3 三种基础断面的基础宽度分别为 1 200 mm、1 500 mm、1 700 mm；从表格中 b 和 B 的数值可以看出，以上基础均为轴线居中；沿基础长度方向的配筋为 A_{s1}，沿基础宽度方向的配筋为 A_{s2}；剖面 1—1、2—2、3—3 剖切的基础断面位置在图 8-5 条形基础平面布置图中查阅。

设计说明：

1.本工程的±0.000对应的相对标高现场定。

2.图中未注墙均为240 mm，轴线均居中。

3.本工程地基处理采用换填垫层法，基坑开挖至−3.500 m标高后，先进行普探，待问题坑处理后，用1 000 mm厚的3∶7灰土分层碾压回填至标高−2.500 m，要求灰土的压实系数不应小于0.97，处理完后的灰土垫层承载力特征值≥220 kPa。

4.未尽事宜应按照《建筑地基处理技术规范》(JGJ 79—2012)及有关规定执行。

图 8-5　墙下条形基础平面布置图

(4)基础圈梁的配筋分为两种情况：一种为 240 mm 厚墙体内设置的基础圈梁宽度同墙厚，高度为 250 mm，纵筋为上下各两根牌号为 HRB335、直径为 12 mm 的钢筋，箍筋为牌号为 HPB300、直径为 6 mm 的双肢箍，箍筋间距为 200 mm；另一种为 370 mm 厚墙体内设置的基础圈梁宽度同墙厚，高度为 250 mm，纵筋为上下各三根牌号为 HRB335、直径为 12 mm 的钢筋，箍筋为牌号为 HPB300、直径为 6 mm 的双肢箍，箍筋间距为 200 mm。

图 8-6　墙下条形基础详图

基础详图

基础配筋一览表

剖面号	b	B	A_{s1}	A_{s2}
1—1	600	1 200	$\phi10@130$	$\phi8@200$
2—2	750	1 500	$\phi12@180$	$\phi8@200$
3—3	850	1 700	$\phi14@200$	$\phi10@200$
注：隔墙基础参见图集《陕02G03》页8详图1。

240基础圈梁

370基础圈梁

一般情况下，将基础平面布置图和基础详图、设计说明等有关基础部分的施工图都画在一张图纸中以便查阅，一张图纸放置不下时可将基础详图放在其他适当的图纸中。

三、桩基础

当浅层地基上无法满足建筑物对地基变形和承载力的要求时，可以利用深层较坚硬的土层作为持力层，从而设计成深基础(基础埋深大于基础宽度且深度超过 5 m 的基础)。桩基础便是一种常见的深基础，它通常由承台和桩身两部分组成，如图 8-7 所示。上部承台的作用是把下面的若干根桩联结成整体，通过承台把上部结构荷载传递给桩，再传递给桩下层较坚实的土层。

桩基础施工图主要表达桩、承台、柱或墙的平面位置和形状，桩距，材料、配筋及其他施工要求等。一般由桩基础设计说明、桩平面布置图、基础详图(承台及桩身配筋等)组成。

1. 桩基础平面布置图

图 8-8 所示为一个 CFG 桩基础平面布置图。从图中可以看出，桩基础平面布置图包括以下两个部分：

承台

桩

图 8-7　桩基础示意图

（1）桩基础设计说明。在桩基础施工图的绘制过程中，有一些设计或者施工要求可通过文字表达，即桩基础设计说明，其主要包括以下几个方面的内容：

1）设计依据、场地绝对标高值；

2）桩的种类、施工方式、单桩承载力特征值；

3）桩基持力层的选择、桩入土深度的控制方法；

4）桩身采用的混凝土强度等级、保护层厚度、钢筋类别；

5）试桩要求、试桩数量及平面位置；

6）在施工中应注意的事项。

（2）桩基础平面布置图。桩基础平面布置图是用一个在桩顶附近的假想平面将基础剖切并移去上部结构后形成的水平投影图。桩基础平面布置图的主要内容包括：图名，比例，定位轴线及编号、尺寸间距，桩的平面位置及编号，承台的平面布置。

2. 桩基础详图

（1）桩身详图。桩身详图是通过桩中心的竖直剖切图。桩身较长时，绘图可将其用双打断符号打断，以省略中间相同部分。桩身详图主要包括以下几项：

1）图名，桩径、桩长、桩顶嵌入承台的长度；

2）桩主筋及箍筋的数量，钢筋牌号、直径及间距，桩内钢筋的长度、钢筋伸入承台内的长度；

3）桩身横断面图。

（2）承台详图。承台详图反映承台和承台梁的剖面形式、细部尺寸、配筋情况及其他特殊构造。它主要包括以下几项：

1）承台和承台梁剖面形式、细部尺寸、配筋情况；

2）所用的垫层材料、垫层厚度。识读基础施工图后应该清楚基础采用的形式，记住轴线尺寸等有关数据，明确基坑开挖深度和基础底标高、基础尺寸、基础配筋、预留孔洞位置等内容。

CFG桩剖面图

布桩示意图

地基处理：

1. ±0.000相应的绝对标高为434.900，平面定位详见总图。

2. 本工程依据×××建筑勘察设计工程有限责任公司××年××月提供的《×××××建筑勘察报告（详勘阶段）》进行地基与基础设计。

3. 本工程采用CFG桩复合地基方案。将现有场地上部500 mm高的杂填土挖除，用石垫层外放3 000 mm，即可进行CFG桩施工。

CFG桩设计说明：

1. CFG桩总桩数441根，布桩采用三角形布桩，桩间距为1 300 mm。

2. 桩体材料：试桩混凝土强度等级为C30，工程桩混凝土强度等级为C20。

3. 打桩过程中抽样做混合料试块，每台机械一天应作一组试块，测定28 d强度，试块强度平均值为C20(试块为150 mm×150 mm)。

4. 长螺旋钻孔，管内泵压混合料灌注成桩施工要求详见《建筑地基处理技术规范》(JGJ 79—2012)中有关要求。

5. 成桩后对不小于总桩数10%的桩应进行低应变动测检测。

6. 桩顶作人工级配砂石230 mm厚，要求砂石粗粒径>0.5 mm的颗粒超过全重50%，粒径最大粒径30 mm，压实系数>0.95，垫层范围见图示。

7. 砂石垫层上作EC15素混凝土垫层100 mm厚。

8. CFG桩竣工验收承载力应采用复合地基载荷试验，试验数量为3个点，要求处理后复合地基承载力特征值f_{spk}=510 kPa。

CFG桩位及地基处理图

图8-8 桩基础平面布置图

任务四　　混凝土结构施工图平面整体表示方法

混凝土结构施工图平面整体表示方法简称平法，是我国对混凝土结构施工图设计方法所做的重大改革，也是目前广泛应用的结构施工图画法。它是把结构构件的尺寸、形状和配筋按照平法制图规则直接表达在各类结构构件的平面布置图上，再与标准构件详图结合，构成一套完整的结构设计图。该方法表达清晰、准确，主要用于绘制现浇钢筋混凝土结构的梁、板、柱、剪力墙等构件的配筋图。

平法施工图应根据国家建筑标准设计图集《混凝土结构施工图平面整体表示方法制图规则和构造详图（现浇混凝土框架、剪力墙、梁、板）》中的制图规则绘制，现行图集的编号为 22G101。

本任务要求学生通过对混凝土柱、梁结构平法施工图的学习，对平法有一个初步的认识和了解。

一、柱平面整体表示法

柱平面整体表示法是在柱平面布置图上采用截面注写方式或列表注写方式进行表达。柱平面布置图可采用适当比例单独绘制，也可与剪力墙平面布置图合并绘制。

（一）柱的截面注写方式

柱的截面注写方式是在柱平面布置图的柱截面上，分别在同一编号的柱中选择一个截面，以直接注写截面尺寸和配筋具体数值的方式来表达柱平法施工图，如图 8-9 所示。

【例 8-1】识读图 8-9 所示的柱平法施工图。

【分析】(1)柱的代号为 KZ1、KZ2、KZ3 等。KZ1 为 1 号框架柱，KZ2 为 2 号框架柱，KZ3 为 3 号框架柱。

(2)650×600 表示柱的截面尺寸。4Φ22、22Φ22、24Φ22 表示柱中纵筋的数量、级别和直径。

(3)KZ1、KZ2、KZ3 的断面形状为矩形，与轴线的关系为偏轴线和柱的中心线与轴线重合两种形式。b 方向中心线与轴线重合，左右都为 325 mm；h 方向偏心，h_1 为 150 mm，h_2 为 450 mm。

(4)KZ1 中 4Φ22 表示四个角的钢筋为 4 根直径为 22 mm 的 HRB400 级钢筋。当纵筋采用两种直径时，须再注写截面各边中部筋的具体数值，对于采用对称配筋的矩形截面柱，可仅在一侧注写中部筋，对称边省略不注。b 边一侧中部钢筋为 5Φ22，即 b 边两侧中部共配 10 根直径为 22 mm 的 HRB400 级钢筋。h 边一侧中部钢筋为 4Φ20，即 h 边两侧中部共配 8 根直径为 20 mm 的 HRB400 级钢筋。故在 19.470～37.470 m 范围内一共配有 Φ22 的钢筋 14 根和 Φ20 的钢筋 8 根。

(5)Φ10@100/200 表示柱中箍筋的级别、直径和间距，用"/"区分加密区和非加密区的间距。加密区的箍筋为 Φ10@100，即直径为 10 mm 的 HPB300 级钢筋，间隔 100 mm。非加密区的箍筋为 Φ10@200，即直径为 10 mm 的 HPB300 级钢筋，间隔 200 mm。

(二)柱的列表注写方式

列表注写方式是在柱平面布置图上(一般只需采用适当比例绘制一张柱平面布置图，包括框架柱、转换柱、芯柱等)，分别在同一编号的柱中选择一个截面(有时需要选择几个截面)标注几何参数代号；在柱表中注写柱编号、柱段起止标高、几何尺寸(含柱截面对轴线的定位情况)与配筋的具体数值，并配以柱截面形状及其箍筋类型的方式来表达柱平法施工图，如图 8-10 所示。

(1)柱编号。柱编号由柱类型代号(如 KZ)和序号(如 1、2 等)组成，应符合表 8-7 的规定。给柱编号一方面使设计和施工人员对柱种类、数量一目了然；另一方面在必须与之配套使用的标准构造详图中，也按构件类型统一编制了代号，这些代号与平法图中相同类型的构件的代号完全一致，使两者之间建立明确的对应互补关系，从而保证结构设计的完整性。

表 8-7　柱编号

柱类型	代号	序号
框架柱	KZ	××
转换柱	ZHZ	××
芯柱	XZ	××

(2)注写各段柱的起止标高。自柱根部往上以变截面位置或截面未变但配筋改变处为界分段注写。

(3)柱的截面尺寸。

1)矩形柱：截面尺寸 $b \times h$ 及与轴线关系的几何参数代号 b_1、b_2 和 h_1、h_2 的具体数值，需对应于各段柱分别注写。其中，$b=b_1+b_2$，$h=h_1+h_2$。当截面的某一边收缩变化至与轴线重合或偏到轴线的另一侧时，b_1、b_2、h_1、h_2 中的某项为零或为负值。

2)圆柱：在圆柱直径数字前加 d 表示。为表达简单，圆柱截面与轴线的关系也用 b_1、b_2 和 h_1、h_2 表示，并使 $d=b_1+b_2=h_1+h_2$。

(4)柱纵筋。当柱纵筋直径相同，各边根数也相同时(包括矩形柱、圆柱和芯柱)，将纵筋注写在"全部纵筋"一栏中。除此之外，柱纵筋分角筋、截面 b 边中部筋和 h 边中部筋三项分别注写(对于采用对称配筋的矩形截面柱，可仅注写一侧中部筋，对称边省略不注，对于采用非对称配筋的矩形截面柱，必须每侧均注写中部筋)。

(5)箍筋。注写箍筋类型编号及箍筋肢数。各种箍筋类型图见表 8-8。

(6)注写柱箍筋，包括钢筋级别、直径与间距。用斜线"/"区分柱端箍筋加密区与柱身非加密区长度范围内箍筋的不同间距。

当圆柱采用螺旋箍筋时，需在箍筋前加"L"。

图 8-9 柱平法施工图截面注写方式示例

图 8-10 柱平法施工图列表注写方式示例

表 8-8　箍筋类型表

箍筋类型编号	箍筋肢数	复合方式
1	$m \times n$	肢数m　　　h 肢数n　　　b
2	—	h　b
3	—	h　b
4	$Y+m \times n$　圆形箍	肢数m 肢数n　　d

二、梁平面整体表示法

梁平面整体表示法是在梁平面布置图上采用平面注写方式或截面注写方式表达。

(一)梁的平面注写方式

平面注写方式是在梁平面布置图上,分别在不同编号的梁中各选一根梁,在其上注写截面尺寸和配筋的具体数值,以此来表达梁平法施工图。平面注写包括集中标注和原位标注。

1. 集中标注

集中标注表达梁的通用数值,包括五项必注值和一项选注值。五项必注值是梁编号、梁截面尺寸 $b \times h$(宽×高)、梁箍筋配置、梁上部通长筋或架立筋配置、梁侧面纵向构造钢筋或受扭钢筋配置;一项选注值是梁顶面标高高差。

(1)梁编号由梁类型代号、序号、跨数及有无悬挑代号几项组成,应符合表 8-9 的规定。

表 8-9　梁编号

梁类型	代号	序号	跨数及是否带有悬挑
楼层框架梁	KL	××	(××)、(××A)或(××B)
楼层框架扁梁	KBL	××	(××)、(××A)或(××B)
屋面框架梁	WKL	××	(××)、(××A)或(××B)
框支架	KZL	××	(××)、(××A)或(××B)
托柱转换梁	TZL	××	(××)、(××A)或(××B)
非框架梁	L	××	(××)、(××A)或(××B)
悬挑梁	XL	××	(××)、(××A)或(××B)
井字梁	JZL	××	(××)、(××A)或(××B)

（2）梁截面尺寸。该项为必注值。等截面梁，用 $b \times h$ 表示；竖向加腋梁，用 $b \times h\ Y_{c_1} \times_{c_2}$ 表示，其中 c_1 为腋长，c_2 为腋高（图 8-11）；水平加腋梁，一侧加腋用 $b \times h\ PYc_1 \times c_2$ 表示，其中 c_1 为腋长，c_2 为腋宽（图 8-12）；当有悬挑梁且根部和端部的高度不同时，用斜线分隔根部与端部的高度值（该项为原位标注），即 $b \times h_1/h_2$（图 8-13）。

图 8-11　竖向加腋截面注写示意

图 8-12　水平加腋截面注写示意

图 8-13　悬挑梁不等高截面注写示意

（3）梁箍筋。包括钢筋种类、直径、加密区与非加密区间距及肢数，该项为必注值。箍筋加密区与非加密区的不同间距及肢数需用斜线"/"分隔；当梁箍筋为同一种间距及肢数时，则不需用斜线；当加密区与非加密区的箍筋肢数相同时，则将肢数注写一次；箍筋肢数应写在括号内。加密区范围见相应抗震等级的标准构造详图。

（4）梁上部通长筋或架立筋配置（通长筋可为相同或不相同直径采用搭接连接、机械连接或焊接的钢筋），该项为必注值。所注规格与根数应根据结构受力要求及箍筋肢数等构造要求而定。当同排纵筋中既有通长筋又有架立筋时，用加号"+"将通长筋和架立筋相连。标注时将角部纵筋写在加号的前面，架立筋写在加号后面的括号内，以示不同直径及与通长筋的区别。当全部采用架立筋时，则将其写入括号内。

（5）梁侧面纵向构造钢筋或受扭钢筋配置，该项为必注值。当梁腹板高度 $h_w \geqslant 450$ mm 时，需配置纵向构造钢筋，所注规格与根数应符合规范规定，此项注写以大写字母 G 打头；当梁侧面需配置受扭纵向钢筋时，此项注写以大写字母 N 打头。

（6）梁顶面标高高差的标注，该项为选注值。有高差时，需将其写入括号内，无高差时不注。当梁的顶面高于所在结构层的楼面标高时，其标高高差为正；反之为负。

【例 8-2】 识读图 8-14 所示梁的集中标注。

图 8-14　梁平面注写方式

【分析】（1）KL2(2A)300×650 表示梁的名称及截面尺寸。KL2 表示 2 号框架梁。(2A) 表示该梁 2 跨，字母 A 表示一端悬挑（若为 B 则表示两端悬挑）。300×650 表示梁的截面尺寸（若为 300×650/500 则表示变截面梁，高端为 650 mm，矮端为 500 mm；若为 Y500×200 则表示加腋梁，加腋长为 500 mm，加腋高为 200 mm）。

（2）Φ8@100/200(2)2Φ25 表示箍筋及梁上部通长筋配置情况。Φ8@100/200(2) 表示箍筋为 HPB300 级钢筋，直径为 8 mm，加密区间距为 100，非加密区间距为 200，均为两肢箍；2Φ25 表示梁上部有 2 根直径为 25 mm 的通长筋，通长筋为 HRB400 级钢筋。

（3）G4Φ10 表示腰筋配置，用于高度≥450 mm 的梁。"G"表示按构造要求配置的钢筋；若为"N"则表示按计算配置的抗扭钢筋。G4Φ10 表示梁的两个侧面共配置 4 根直径为 10 mm 的纵向构造钢筋，规格为 HPB300 级钢筋。

2. 原位标注

原位标注表达梁的特殊数值，内容包括上部纵筋、下部纵筋、附加箍筋或吊筋。

【例 8-3】 识读图 8-14 所示梁的原位标注。

【分析】（1）梁支座上部纵筋。同排纵筋有两种直径时，用"+"将两种直径的纵筋相连，注写时将角部纵筋写在前面。2Φ25＋2Φ22 表示梁支座上部有两种直径钢筋共 4 根，其中

2⊕25 放在角部，2⊕22 放在中部。

纵筋多于一排时，用"/"将各排纵筋自上而下分开。6⊕254/2 表示梁上部纵筋为两排，上一排纵筋为 4⊕25，下一排纵筋为 2⊕25。

梁中间支座两边的上部纵筋不同时，须在支座两边分别标注；如相同，可仅在支座的一边标注，另一边可省略不注。4⊕25 表示梁支座上部配置 4 根直径为 25 mm 的 HRB400 级钢筋。

(2)梁支座下部纵筋。纵筋多于一排时，用"/"将各排纵筋自上而下分开。

6⊕252/4 表示梁下部纵筋为两排，上一排纵筋为 2⊕25，下一排纵筋为 4⊕25。

4⊕25 表示梁下部中间配置 4 根直径为 25 mm 的 HRB400 级钢筋。

2⊕16 表示悬挑段下部配置 2 根直径为 16 mm 的 HRB400 级钢筋。

Φ8@100(2)表示箍筋为 HPB300 级钢筋，直径为 8 mm，间距为 100，两肢箍。

读图时，当集中标注与原位标注不一致时，原位标注取值优先。

以下是采用传统方法绘制的四个梁截面配筋图(图 8-15)，可对照了解。

图 8-15　采用传统表示方法绘制的四个梁截面

如图 8-16 所示为梁平法施工图平面注写方式示例，大家可自行阅读。

图 8-16 梁平法施工图平面注写方式示例

(二)梁的截面注写方式

截面注写方式，是在分标准层绘制的梁平面布置图上，分别在不同编号的梁中各选择一根梁用剖切符号引出截面配筋图，并在截面配筋图上注写截面尺寸和配筋具体数值的方式来表达梁平法施工图，如图 8-17 所示。

截面注写方式与平面注写方式中梁的代号、各种数字、符号的含义均相同，只是平面注写方式中的集中标注在截面注写方式中用截面图表示，截面图的绘制方法与常规方法一致。

15.870~26.670梁平法施工图(局部)

图 8-17　梁截面注写方式

![项目小结]

本项目主要介绍了结构施工图的组成与内容、结构施工图常用图例、基础施工图和混凝土结构施工图平面整体表示方法的表达、识读方法。

(1)在工业与民用建筑设计中，根据建筑、给水排水、暖通和电气各专业的要求，进行结构选型和构件布置，再通过力学计算，决定房屋各承重构件的材料、形状、大小及内部构造等，并将设计结果绘制成图样，以指导施工，这种图样称为结构施工图，简称结施图。

(2)结构施工图的绘制，除应符合《房屋建筑制图统一标准》(GB/T 50001—2017)中的基本规定外，还必须符合《建筑结构制图标准》(GB/T 50105—2010)及现行的有关标准和规范的相关规定。

（3）基础施工图一般由基础平面图、基础详图组成。基础平面图是假想用一个水平面沿建筑物室内地面以下剖切后，移去建筑物上部和基坑回填土后所做的水平剖面图。它主要表达基础的平面布置情况以及基础与墙、柱定位轴线的相对关系，是房屋施工过程中指导放线、基坑开挖、定位基础的依据。基础详图则主要表达基础的断面形式、尺寸、配筋、材料、构造做法及基础埋深等。

（4）柱平面整体表示法是在柱平面布置图上采用截面注写方式或列表注写方式表达构造信息。

（5）梁平面整体表示法是在梁平面布置图上采用平面注写方式或截面注写方式表达构造信息。

思考与练习

1. 什么是结构施工图？有何作用？结构施工图包含的图样有哪些？

2. 根据钢筋在构件中作用不同，钢筋分为几大类？钢筋的代号分别表达什么含义？

3. 基础施工图包括哪些图样？表达哪些内容？

4. 什么是平面整体表示法？了解柱平法和梁平法的表达规则。

5. 什么是集中标注？什么是原位标注？

6. 你知道"钢筋混凝土"的发明者是谁吗？你了解钢筋混凝土的历史和发展吗？

7. 你知道平法创始人陈青来教授吗？你对平法的了解有多少？

参 考 文 献

[1] 中华人民共和国住房和城乡建设部 . GB/T 50001—2017 房屋建筑制图统一标准 [S]. 北京：中国建筑工业出版社，2017.

[2] 中华人民共和国住房和城乡建设部，中华人民共和国国家质量监督检验检疫总局 . GB/T 50103—2010 总图制图标准[S]. 北京：中国建筑工业出版社，2011.

[3] 中华人民共和国住房和城乡建设部，中华人民共和国国家质量监督检验检疫总局 . GB/T 50104—2010 建筑制图标准[S]. 北京：中国建筑工业出版社，2011.

[4] 中华人民共和国住房和城乡建设部，中华人民共和国国家质量监督检验检疫总局 . GB/T 50105—2010 建筑结构制图标准[S]. 北京：中国建筑工业出版社，2011.

[5] 中华人民共和国住房和城乡建设部 . 22G101－1 混凝土结构施工图平面整体表示方法制图规则和构造详图（现浇混凝土框架、剪力墙、梁、板）[S]北京：中国计划出版社，2022.

[6] 何斌，陈锦昌，王枫红 . 建筑制图[M]. 8 版 . 北京：高等教育出版社，2020.

[7] 何铭新，郎宝敏，陈星铭 . 建筑工程制图[M]. 3 版 . 北京：高等教育出版社，2004.

[8] 吴运华，海梅 . 建筑制图与识图[M]. 4 版 . 武汉：武汉理工大学出版社，2016.

[9] 马光红，伍培 . 建筑制图与识图[M]. 2 版 . 北京：中国电力出版社，2012.

[10] 孙世青，等 . 建筑制图[M]. 北京：科学出版社，2008.

《建筑工程制图与识图（第2版）》

习题集

主　编　罗碧玉

副主编　王淑红

参　编　董耀军　樊志光

主　审　薛安顺

北京理工大学出版社

BEIJING INSTITUTE OF TECHNOLOGY PRESS

目 录

1-1　回答下列问题。

一、填空题

1. 分规可以用来画＿＿＿＿＿＿。

2. 丁字尺主要用来画＿＿＿＿＿＿。

3. 一项工程中，某一个专业的图纸幅面最多不能超过＿＿＿＿＿张，如果需要，图纸的＿＿＿＿＿边可以加长。

4.《房屋建筑制图统一标准》（GB/T 50001—2017）规定，A3图纸图框线线宽为＿＿＿＿＿，标题栏外框线线宽为＿＿＿＿＿，标题栏分格线线宽是＿＿＿＿＿。

5.《房屋建筑制图统一标准》（GB/T 50001—2017）规定，工程图样中的文字宜选用长仿宋体字型，字体的宽高比宜为＿＿＿＿＿，常用的字号有＿＿＿＿＿。

6. 绘制工程图时，基本的线型有＿＿＿＿＿种，分别是＿＿＿＿＿、＿＿＿＿＿、＿＿＿＿＿、＿＿＿＿＿。

7. 标注尺寸时，＿＿＿＿＿与所注线段平行，用＿＿＿＿＿线绘制。

8. 标注尺寸时，尺寸起止符用＿＿＿＿＿线表示，用＿＿＿＿＿线绘制。

9. 标注尺寸时，图形轮廓线可以做＿＿＿＿＿用，不可以做＿＿＿＿＿。

10.《房屋建筑制图统一标准》（GB/T 50001—2017）规定，尺寸界线一般超出尺寸线＿＿＿＿＿mm，尺寸界线一般离开图形轮廓线至少大于＿＿＿＿＿mm。

二、选择题

1. A3图纸的幅面尺寸为（　　　）。

A.420 mm×594 mm　　　B.297 mm×420 mm

C.210 mm×297 mm

2. 图纸上限制绘图区域的线框称为（　　　）。

A.图幅　　　　B.图框　　　　C.标题栏

3. 下列属于粗线线宽的是（　　　）。

A.b　　　　　B.0.7b　　　　C.0.5b

4. 字号是指字体的（　　　）。

A.长度　　　　B.宽度　　　　C.高度

5. 规范规定，平行排列的尺寸线之间的间距宜为（　　　）。

A.7～10 mm　　　B.6～10 mm　　　C.8～10 mm

6. 单点长画线的用途（　　　）。

A.表示假想轮廓　　B.表达中心线或轴线　　C.表示不可见轮廓

7. 在建筑工程图样上，尺寸标由（　　　）元素组成。

A.尺寸界线，尺寸起止符，尺寸线

B.尺寸界线，尺寸起止符与尺寸数字

C.尺寸界线，尺寸线，尺寸数字

| 班级 | | 姓名 | | 学号 | | 成绩 | | 日期 | |

土木工程建筑制图识图设备安装书与计施院审

学校姓名学号结构梁板钢筋混凝土监理核专业

衡尺寸注比例数字物面置线条厂业平斯法区

班级　姓名　学号　成绩　日期

ABCDEFGHIJKLMNOPQRSTUVWXYZ

abcdefghijklmnopqrstuvwxyz

1234567890

班级		姓名		学号		成绩		日期	

班级　姓名　学号　成绩　日期

1—5 作线段和圆的等分。

（1）作台阶图形。

（2）在指定位置作出 1：2.5 的坡度。

1：2.5

H

H

（3）作圆的内接五边形。

（4）作圆的内接六边形。

班级　　姓名　　学号　　成绩　　日期

－5－

班级　　姓名　　学号　　成绩　　日期

φ100

φ80

φ40

φ20

φ60

4φ12

8

63

150

63

8

6 6 6 6 6　16　54　54　16　6 6 6 6 6

200

普通砖

石材

干砌块石

8 8 8 8 8
30
108
30
8 8 8 8 8

10 10 10　32　32　10 10 10

124

班级　　姓名　　学号　　成绩　　日期

2-1

一、填空题

1. 投影可分为＿＿＿投影，透视图属于＿＿＿和＿＿＿两大类，三视图属于＿＿＿。

2. 平行投影又可分为＿＿＿和＿＿＿。

3. 正投影的投影特性有＿＿＿、＿＿＿和＿＿＿。

4. 三面投影图三等关系指的是＿＿＿、＿＿＿和＿＿＿。

5. 投影面平行面有三种，分别是＿＿＿、＿＿＿和＿＿＿。

6. 空间中的直线分为三大类，分别是＿＿＿、＿＿＿和＿＿＿。

7. X坐标代表点到＿＿＿的距离；Y坐标代表点到＿＿＿的距离；Z坐标代表点到＿＿＿的距离。

8. 点的V面投影由＿＿＿两个坐标决定，点的H面投影由＿＿＿两个坐标决定，点的W面投影由＿＿＿两个坐标决定。

二、选择题

1. 三面投影图中，正面投影反映形体的（　　）。

A.长度，高度　　　B.宽度，高度

C.长度，宽度

2. 空间两点C（6，8，12），D（6，8，10），C、D在（　　）的投影点上重合。

A.水平投影面　　　B.正立投影面

C.侧立投影面

3. 在三面投影体系中，正对观察者的平面是（　　）。

A.H面　　　　　　B.V面

C.W面

4. 能反映水平线实长的投影为（　　）。

A.W面投影　　　　B.H面投影

C.V面投影

5. 当直线的投影反映实长，平面的投影反映实形，表现的是正投影的（　　）。

A.显实性　　　　　B.积聚性

C.类似性　　　　　D.定比性

班级	姓名	学号	成绩	日期

2-2 点的投影。

（1）已知点的投影 A（30，10，15），B（0，20，10），C（0，0，20），求作它们的三面投影图。

（2）已知各点的两面投影，求作其第三面投影。

（3）已知点 B 在点 A 的左方 15 mm，下方 10 mm，后方 10 mm，点 C 在点 A 的正后方 5 mm，求作各点的三面投影。

班级　　姓名　　学号　　成绩　　日期

（4）判别下列各点对重影点的相对位置（填空）。

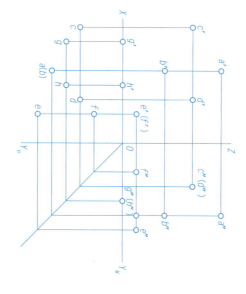

① A、B 点关于 ＿＿ 面重影，且 A 点在 B 点的正 ＿＿ 方 ＿＿ mm。

② C、D 点关于 ＿＿ 面重影，且 C 点在 D 点的正 ＿＿ 方 ＿＿ mm。

③ E、F 点关于 ＿＿ 面重影，且 E 点在 F 点的正 ＿＿ 方 ＿＿ mm。

④ G、H 点关于 ＿＿ 面重影，且 G 点在 H 点的正 ＿＿ 方 ＿＿ mm，且该两点均在 ＿＿ 面上。

（5）已知点 D 在点 A 的下方 20 mm，右方 15 mm，点 D 到 V 面的距离与点 A 到 V 面的距离相等，求作 D 点的三面投影。

2-3 直线的投影

（1）作出下列各直线的第三面投影，并判断它们相对于投影面的位置。

① AB为____线

② AB为____线

③ AB为____线

④ AB为____线

⑤ AB为____线

⑥ AB为____线

⑦ AB为____线

⑧ AB为____线

班级		姓名		学号		成绩		日期	

2-3 直线的投影

（2）作出直线AB，CD的三面投影：①已知AB为正平线，点A距离V面为15mm；②CD为铅垂线，长度为10 mm，C点在H面之上6 mm处。

（3）已知一般位置直线AB的两面投影ab和a′b′，求作AB直线的实长和倾角α。

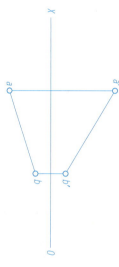

（1）在下列形体的三面投影图上注全轴测图所示各平面的三面投影（如P平面的投影分别为p、p′、p″），并填空。

平面P是_____面；
平面Q是_____面；
平面R是_____面；
平面S是_____面；
平面T是_____面。

（2）根据立体的轴测图和对应的三面投影图，用小写字母在投影图上标全各点，各平面的三面投影（如点C的投影c、c′、c″和面P的投影P、p′、p″），并填空。

直线AB是_____线；
直线AC是_____线；
直线BD是_____线；
直线AE是_____线；
直线BF是_____线；
直线GH是_____线；
平面P是_____面；平面Q是_____面；
平面S是_____面；平面R是_____
_____面；平面T是_____面。

| 班级 | | 姓名 | | 学号 | | 成绩 | | 日期 | |

（3）试补出下列平面的第三面投影，并判断平面与投影面的相对位置。

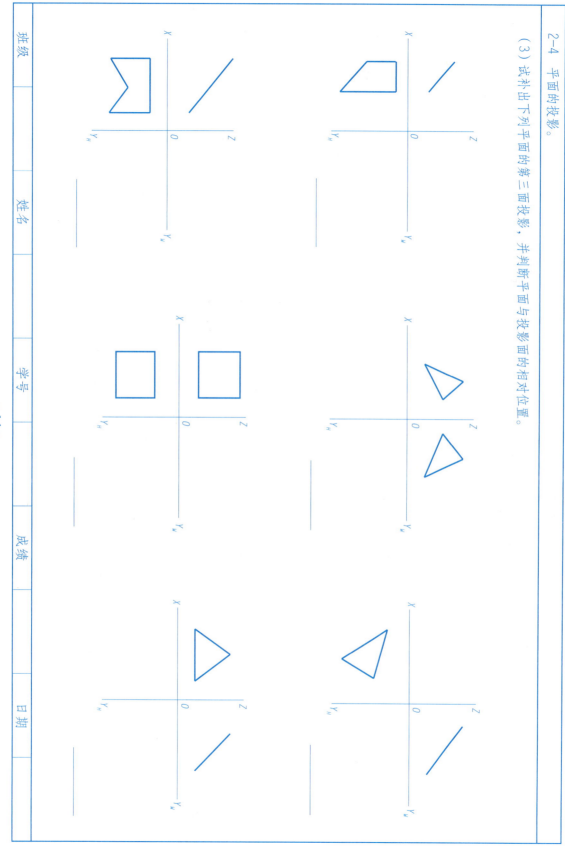

3-1　已知正三棱柱的 H 面投影，高为 25 mm，请完成其三面投影。

3-2　已知正四棱锥的 H 面投影，高为 25 mm，请完成其三面投影。

班级	姓名	学号	成绩	日期

3-3 已知三棱柱的两面投影及其表面上点 A，B，C的一个投影，请完成三棱柱和点的三面投影。

(a')

o

o b'

c''

3-4 画出六棱柱的侧面投影，并补全棱柱表面上 A，B，C点的其他投影。

(a')

o

o b'

o
(c')

3-5　画出三棱锥的侧面投影，并补全全棱锥表面上直线AB、BC的其他投影。

3-6　求六棱柱被截切后的侧面投影。

3-7 已知正垂圆的V面投影，求它的H面投影。

o'

0°

3-8 已知圆柱螺旋线（右旋）的导圆与导程，求作其投影图。

（1）

（2）

班级　　　姓名　　　学号　　　成绩　　　日期

班级　　　　姓名　　　　学号　　　　成绩　　　　日期

3-13 根据轴测图，画出物体的三面正投影图（箭头所指方向为正面投影的投射方向）。

（1）

（2）

3-13 根据轴测图，画出物体的三面正投影图（箭头所指方向为正面投影的投射方向）。

（3）

（4）

班级　　　姓名　　　学号　　　成绩　　　日期

3-13 根据轴测图，画出物体的三面正投影图（箭头所指方向为正面投影的投射方向）。

(5)

(6)

3-14 补绘下列形体的第三面投影。

（1）

（2）

（3）

（4）

班级　　姓名　　学号　　成绩　　日期

3-14 补绘下列形体的第三面投影。

(5)

(6)

(7)

(8)

班级　　姓名　　学号　　成绩　　日期

项目四 轴测投影

4—1 根据两面视图完成平面立体的正等测图。

（1）

（2）

班级　　　姓名　　　学号　　　成绩　　　日期

4-1 根据两面视图完成平面立体的正等测图。

（3）

（4）

班级　　　姓名　　　学号　　　成绩　　　日期

4-2 根据两面视图完成曲面立体的正等测图。

(1)

(2)

班级　　姓名　　学号　　成绩　　日期

4-3 根据两面视图完成形体的斜二测图。

(1)

(2)

班级　　　姓名　　　学号　　　成绩　　　日期

項目五　剖面圖和斷面圖

5-1　补全下列剖面图中所缺的图线。

（1）

1—1 剖面

（2）

1—1 剖面

班级　　　姓名　　　学号　　　成绩　　　日期

1—1

a—a

班级　姓名　学号　成绩　日期

1—1剖面

3—3剖面

2—2剖面

班级		姓名		学号		成绩		日期	

2—2剖面

3—3剖面

班级　　姓名　　学号　　成绩　　日期

5－6 作出指定剖切位置的断面图。

1－1

2－2

5－7 试根据以下视图，画出它的A—A，B—B断面图。

A—A

B—B

班级　　姓名　　学号　　成绩　　日期

项目六 房屋建筑工程图的一般知识

6-1

一、填空题

回答下列问题。

1. 标高应以米为单位，____标高是以房屋的室内首层主要地面高度为零点；____标高是以青岛附近黄海平均海平面为零点。

2. 总平面图通常标注____标高，建筑平面图、建筑立面图、建筑剖面图一般出现____和____标高。

3. 指北针一般符合圆圈一般出现在____图中，指北针圆的直径宜为____mm。

4. 定位轴线端部的圆圈一般用____线绘制，圆的直径一般为____mm；详图符号的圆宜用____线绘制，圆的直径一般为____mm。

5. 制图标准规定，平面图定位轴线的编号，横向编号宜用____从____向____顺序编排，竖向编号宜用____线绘制，顺序编排。

二、判断题

1. 勒脚的作用是为了防止雨水侵蚀墙体，同时具有美化建筑立面的作用。（ ）

2. 引出线一般应采用水平方向中实线，或与水平方向成30°、45°、60°、90°的直线，并将上述角度再折成水平线；说明文字注写在水平线的上方或实线的端部。（ ）

3. 风玫瑰图中的实线表示该地区常年风向频率，虚线表示夏季6、7、8三个月的风向频率。（ ）

三、选择题

1. 一套房屋建筑工程图的编排顺序是（ ）。①图纸目录；②结施图；③建施图；④设施图；⑤设计总说明。
A.①③②④⑤　　B.①③⑤②④
C.①⑤③②④

2. 房屋建筑工程中，通常把（ ）的位置定为相对标高的零点说明。
A.室外地面　　B.室内首层地面　　C.基础顶面

3. 按墙体在建筑物中的位置，可有不同的称呼，对于屋顶面出屋面的墙称为（ ）。
A.横墙　　B.女儿墙　　C.山墙

4. 建筑物结构构件的表面称为（ ）。
A.建筑构件　　B.结构构件　　C.相对标高

5. （ ）的作用是把门窗洞口上方的荷载传递给两侧的墙体。
A.圈梁　　B.窗台　　C.过梁

6. 图例 表示（ ）。
A.灰土　　B.自然土壤　　C.夯实土壤

7. 图例 表示（ ）。
A.砂石　　B.混凝土　　C.钢筋混凝土

8. 索引符号为 $\frac{2}{4}$，圆圈内的4表示（ ）。
A.索引的图纸编号
B.详图所在的图纸编号
C.被索引的图纸编号

6-2 填写下列索引符号表示的含义。

6-3 设窗洞的上沿距零点的高度为6 300 mm，下沿距零点的高度为4 500 mm，用标高符号标注窗洞上、下沿的标高，并在表中标明详图符号的用法。

班级		姓名		学号		成绩		日期	

7-1

一、填空题

1. 建筑总平面图上，新建建筑用_____线表示，计划扩建的建筑用_____线表示，原有建筑用_____线表示。

2. 建筑施工图包含的图样有_____、_____、_____。

3. 建筑平面图的外三道尺寸，最外一道尺寸称为_____，最内一道尺寸称为_____。

4. 建筑立面图的命名方式有三种，分别是以_____、以_____、以_____命名。

5. 立面图外轮廓线一般用_____的线绘制，而室_____一道尺寸称为_____的线绘制，_____的命名，以_____命名。

6. 建筑剖面图主要反映_____的内容。

7. 建筑详图的特点是_____、_____；建筑详图一般包括的图样有_____及某些有固定设施的房间局部详图等。

8. 楼梯详图包括_____、_____、_____。

二、选择题

1. 外墙装饰材料和做法一般在（　　）上表示。
   A. 建筑立面图　　　　B. 建筑剖面图
   C. 建筑平面图

2. 建筑剖面图的剖切符号一定绘在（　　）中。
   A. 总平面图　　　　B. 底层平面图
   C. 标准层平面图

3. 室外散水应在（　　）中画出。
   A. 二层平面图　　　　B. 底层平面图
   C. 标准层平面图

4. 雨篷是建筑物上重要的附属构件，一般在（　　）平面图上表达。
   A. 二层　　　　B. 顶层
   C. 首层

5. 建筑物的层高是指（　　）。
   A. 相邻两层楼面高差减去楼板厚
   B. 相邻上下两层楼面间高差
   C. 室外地坪到屋顶的高度

6. 在楼梯组成中起到供行人间歇和转向作用的是（　　）。
   A. 栏杆扶手　　　　B. 中间平台
   C. 楼层平台

班级　　　　姓名　　　　学号　　　　成绩　　　　日期

1. 由右侧一层平面图可知，本宿舍楼一层有＿＿＿间宿舍，建筑朝向为＿＿＿，建筑总长为＿＿＿mm，总宽为＿＿＿mm。

2. 由图可知：一层地面的标高为＿＿＿m，室外地坪标高为＿＿＿m，卫生间的标高为＿＿＿m。室内外高差为＿＿＿m。

3. 本图中横向轴线有＿＿＿条，纵向轴线有＿＿＿条，卫生间的开间是＿＿＿mm，进深是＿＿＿mm，外墙厚度为＿＿＿mm。

4. 由图可知：宿舍门的代号为＿＿＿，卫生间门洞口的门宽度为＿＿＿mm，卫生间走廊东侧入口的门宽度为＿＿＿mm，东侧隔壁房间的名称是＿＿＿。

5. 1—1剖面图符号表示建筑物被剖开后，剖视方向为＿＿＿。

一层平面图 1:100

| 班级 | | 姓名 | | 学号 | | 成绩 | | 日期 | |

8-1 回答下列问题。

一、填空题

1. 钢筋弯钩形式有 _____ 和 _____ 等图样组成。

2. 结构施工图主要由结构设计说明、_____。

3. 按《建筑结构制图标准》(GB/T 50105—2010)的规定：水平方向钢筋弯钩向上的，竖直方向钢筋弯钩向左的，都表示 _____ 层钢筋；反之，表示 _____ 层钢筋。

4. 配置在钢筋混凝土结构中的钢筋，按其所起的作用不同，分为 _____、_____、_____、_____、_____ 五种。

5. 指出钢筋标注 Φ10@125 所表示的信息： _____。

6. 混凝土的强度等级越高，表示 _____ 越高。

7. 梁的平面整体表示方法包括原位标注和集中标注。表达梁的 _____ 数值、原位标注表达梁的 _____ 数值。

8. 为了防止钢筋锈蚀，外包的混凝土称为保护层，保护层厚度通常是指 _____ 的厚度。

二、选择题

1. 结构施工图中过梁的代号为（　　）。
   A.LL　　　　　　　　B.QL
   C.KL　　　　　　　　D.JL

2. 根据《混凝土结构设计规范（2015年版）》(GB 50010—2010) 的规定，Φ表示的钢筋为（　　）。
   A.HPB300　　　　　B.HRB335
   C.HRB400　　　　　D.RRB400

3. 钢筋标注 Φ6@200中，以下说法错误的是（　　）。
   A.6代表钢筋根数
   B.Φ为钢筋直径符号，且表示该钢筋牌号
   C.200代表钢筋间距为 200 mm

4. （　　）表示钢筋（　　）。
   A.带直角弯钩的钢筋搭接
   B.带半圆弯钩的钢筋搭接
   C.无弯钩的钢筋搭接

5. 基础各部分的形状、大小、材料、构造、埋深反映在（　　）图上。
   A.基础平面图
   B.基础详图
   C.结构设计说明

| 班级 | | 姓名 | | 学号 | | 成绩 | | 日期 | |

8-2 根据梁配筋图及截面图，按1：40比例画出①～④号钢筋，并标注长度及数量。

现浇钢筋混凝土梁配筋图 1：40

1—1 1：20

2—2 1：20

8-3 钢筋混凝土构件平面整体表示方法。

已知多跨梁的平面布置图，绘制1-1和2-2断面图（板厚为100 mm）。

集中标注

KL7(3)300×500
Φ10@100 2Φ25
G4Φ12
(-0.050)

原位标注

4Φ25

4Φ25

6Φ25 4/2

2Φ25

6Φ25 4/2

6Φ25 4/2

2Φ25

4Φ25

4Φ25

1—1 1:25

2—2 1:25

附录 综合实训案例施工图（部分摘录）

附录1 建筑施工图（一）

任务：识读该项目施工图，并抄绘建筑施工图的平、立、剖面图，建议A3图幅，比例1：100，要求布局合理，字体、线型、标注符合规范。

目的：通过识图绘图加深学生对建筑施工图和结构施工图的理解，提高识图绘图技能。

一层平面图 1：100

班级　　姓名　　学号　　成绩　　日期

二层平面图 1：100

班级　　姓名　　学号　　成绩　　日期

三层平面图 1:100

班级　　姓名　　学号　　成绩　　日期

四层平面图 1:100

屋顶平面图 1：100

正立面图 1：100

湖蓝面砖饰面

红色波形瓦饰面

红色面砖饰面

浅黄色面砖饰面

白丙烯酸外墙涂料

2.100

4.350

35 000

120 120 120 120 120 120 120

14.300

14.800

600 900 1 800 900 900 1 800 900 900 1 800 900 1 800 900 400 1 800 400
600 3 600 3 600 3 100 3 100

±0.000
-0.600

3.600

7.200

10.300

13.400

班级　　姓名　　学号　　成绩　　日期

南北侧立面图 1：100

背立面图 1：100

1—1剖面图　1：100

红色波形瓦饰檐

1：1：4 水泥石灰
砂浆加1.5%麻刀

1：2：8 水泥石灰炉渣夯实

1：2.5 水泥砂浆找平层

钢筋混凝土板

14.300

13.250

100　950　100

5
23

98ZJ901
窗顶线

Φ6@200
Φ10@150

720
160
120
120

B

Φ6@200
8Φ14

14.800

压顶板(240×120)
Φ6@200

4Φ10通长筋
Φ6@200

1
—

1：20

红色波形瓦饰檐

1：1：4 水泥石灰
砂浆加1.5%麻刀

1：2：8 水泥石灰炉渣夯实

1：2.5 水泥砂浆找平层

钢筋混凝土板

4.050

3.450

100　600

5
23

98ZJ901
窗顶线

Φ6@200
Φ10@150

720
120
120

F

连梁

3.600

2
—

1：20

班级　　姓名　　学号　　成绩　　日期

基础平面布置图

图中填充的部分为轻隔墙基础

1 : 100 (30)

1. 该建筑的朝向为什么方向?

2. 该建筑外墙厚是多少?

3. 该建筑室内外高差是多少? 散水宽度是多少?

4. 建筑主入口有几级台阶? 每级台阶宽度是多少?

5. 一层左边的厨房和餐厅的开间和进深分别是多少?

6. 该建筑的楼梯形状是什么?

7. M-3 洞口宽和高分别是多少? C-1 的洞口宽和高分别又是多少?

8. 1-1 剖面图剖视方向为哪边? 剖切位置是沿楼梯上行第几梯段剖开?

9. 一层的门有几种? 窗户有几种? 型号分别是哪些?

10. 该建筑的屋面形状是什么? 屋面板的排水坡度是多少?

11. 屋面的雨水管有几个?

12. 该建筑几层? 层高多少?

13. 一层上行第一梯段起步线的定位尺寸是多少?

14. 三层上四层第一梯段起步线的定位尺寸是多少?

15. 一层到二层共多少级踏步? 踏步宽是多少? 踏面高是多少?

16. 三层到四层共多少级踏步? 踏步宽是多少? 踏面高是多少?

17. 一层到二层楼梯中间平台的标高是多少?

18. 建筑正立面外墙面采用的是什么装修做法?

19. 屋檐采用的面层装饰是什么?

20. 将正立面图改为按朝向命名是什么名称?

班级	姓名	学号	成绩	日期

综合实训识图题

21.屋顶平面图中屋面检修孔索引符号的含义是什么？

22.该建筑的基础形式有几种？分别是什么？有哪些？

23.从基础断面图中可见：2-2条基底面宽度是多少？基础埋深是多少？

24.图中各条形基础的垫层厚度是多少？地圈梁顶面的标高是多少？

25.J-1属于哪种基础形式？基础底面尺寸是多少？

26.TB-1的板厚是多少？

27.楼梯梯板的宽度是多少？梯井的宽度是多少？

28.解释它的含义。

29.解释它的含义。

地圈梁240×240
4Φ12Φ6@200
8Φ16
Φ8@200
400 300 ZI
−0.060

30.解释它的含义。

31 32 33
3Φ20 2Φ18 Φ8@200
250 350
TL-1 1：30

班级　　姓名　　学号　　成绩　　日期